Studien zum nachhaltigen Bauen und Wirtschaften

Reihe herausgegeben von

Thomas Glatte, Neulußheim, Deutschland

Martin Kreeb, Egenhausen, Deutschland

Unser gesellschaftliches Umfeld fordert eine immer stärkere Auseinandersetzung der Bau- und Immobilienbranche hinsichtlich der Nachhaltigkeit ihrer Wertschöpfung. Das Thema „Gebäudebezogene Kosten im Lebenszyklus" ist zudem entscheidend, um den Umgang mit wirtschaftlichen Ressourcen über den gesamten Lebenszyklus eines Gebäudes zu erkennen. Diese Schriftenreihe möchte wesentliche Erkenntnisse der angewandten Wissenschaften zu diesem komplexen Umfeld zusammenführen.

Giulio Saric · Thomas Glatte

Gebäudeautomation in Wohn- und Wirtschaftsimmobilien

Energetische Einsparpotenziale durch Gebäudeautomation

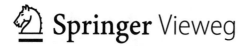

Giulio Saric
Kirrweiler (Pfalz), Rheinland-Pfalz
Deutschland

Thomas Glatte
Wirtschaft und Medien, Hochschule
Fresenius
Heidelberg, Deutschland

ISSN 2731-3123   ISSN 2731-3131   (electronic)
Studien zum nachhaltigen Bauen und Wirtschaften
ISBN 978-3-658-44231-6   ISBN 978-3-658-44232-3   (eBook)
https://doi.org/10.1007/978-3-658-44232-3

Die Deutsche Nationalbibliothek verzeichnet diese Publikation in der Deutschen Nationalbibliografie; detaillierte bibliografische Daten sind im Internet über https://portal.dnb.de abrufbar.

Planung/Lektorat: Frau Karina Danulat
Springer Vieweg ist ein Imprint der eingetragenen Gesellschaft Springer Fachmedien Wiesbaden GmbH und ist ein Teil von Springer Nature.
Die Anschrift der Gesellschaft ist: Abraham-Lincoln-Str. 46, 65189 Wiesbaden, Germany

Das Papier dieses Produkts ist recycelbar.

Vorwort

Smart-Home-Technologien (Gebäudeautomation) werden in der Immobilienbranche in verstärktem Maße eingesetzt und erlangen auch bei den Endnutzern – Mietern und Eigentümern – wachsende Popularität. Mit Gebäudeautomation lässt sich der Komfort sowie die Sicherheit eines Gebäudes steigern. Vor allem aber bieten solche Technologien das Potenzial, die Energieeffizienz der Immobilie zu erhöhen, was wiederum wirtschaftliche Vorteile durch die Kostenreduktion bei der Bewirtschaftung mit sich bringt.

Die vorliegende Arbeit hat sich zum Ziel gesetzt, die zwei grundlegende Forschungsfragen zu beantworten. Zum einen wird untersucht, welche Form der Gebäudeautomation den Energieverbrauch eines Gebäudes am besten optimieren und damit die Energiekosten des Lebenszyklus am stärksten reduzieren kann. Darüber hinaus wird herausgearbeitet, inwiefern sich der ökonomische Nutzen bei dem Einsatz von Smart-Home-Technologien zwischen Wirtschafts- und Wohnimmobilien im Hinblick auf die Reduktion der Energiekosten unterscheidet.

Für den ersten Teil der Untersuchung wurde ein breites Spektrum an Fachliteratur analysiert. Daraus wurden verschiedene Möglichkeiten zum Einsatz der Gebäudeautomation abgeleitet, die eine erhöhte Energieeffizienz erzielen sollen. Die weitergehende Untersuchung wurde anschließend auf drei wesentliche Anwendungsfelder von Gebäudeautomationstechnologien beschränkt – die Beleuchtungssteuerung, die Klimatisierung und die Beschattung. Für die Feststellung möglicher Einsparpotenziale wurde eine quantitative Analyse durchgeführt. Diese ergab, dass bei der Klimatisierung, mit Hauptfokus auf der automatisierten Heizungssteuerung, mit maximal 26 % die meisten Energieeinsparungen in einem Wohngebäude zu erzielen sind. Dort lassen sich dann logischerweise auch die größten Kosteneinsparungen erzielen. Im zweiten Teil der Untersuchung wurden literaturbasiert die energetischen Einsparpotenziale durch Gebäudeautomation in

Wirtschaftsgebäuden ermittelt und anschließend mit denen der Wohnimmobilien abgeglichen. Der Vergleich ergab, dass die Einsparungen durch den Einsatz von Smart-Home-Technologien im Segment der Wirtschaftsimmobilien konsequent höher ausfallen. Jedoch handelt es sich bei allen Ergebnissen um Annahmen, da sich die ermittelten Einsparpotenziale aufgrund der Heterogenität von Immobilien nicht direkt übertragen lassen.

Insgesamt kann die Gebäudeautomation, insbesondere im Kontext von Smart-Home-Technologien, den Lebenszyklus von Wohn- und Gewerbeimmobilien erheblich verbessern. Durch die Optimierung von Energieverbrauch, Betriebskosten und Nutzerkomfort tragen diese Systeme dazu bei, die Nachhaltigkeit von Gebäuden zu steigern und ihre Lebensdauer zu verlängern. Es ist zu erwarten, dass die Bedeutung von Gebäudeautomation in der Zukunft weiter zunehmen wird, da technologische Entwicklungen fortschreiten und die Anforderungen an Effizienz und Nachhaltigkeit in der Bauindustrie wachsen.

Heidelberg   Giulio Saric B.A.
im Januar 2024   Prof. Dr.-Ing. Thomas Glatte

Inhaltsverzeichnis

Abkürzungsverzeichnis

CREM Corporate-Real-Estate-Management
GA Gebäudeautomation
ift Institut für Fenstertechnik e. V.
kWh Kilowattstunde
LCC Life Cycle Costs
TGA Technische Gebäudeausrüstung
VDI Verein Deutscher Ingenieure

Abbildungsverzeichnis

Tabellenverzeichnis

Einleitung

Die Vernetzung und Digitalisierung innerhalb der Gesellschaft nehmen immer weiter zu. Nach dem Statistischen Bundesamt liegt die Internetnutzung von Personen 2022 in allen Altersgruppen bei 95 %[1], nur 5 % der gesamten Bevölkerung sind nicht online. Das Zukunftsinstitut spricht von „dem Prinzip der Vernetzung auf Basis digitaler Infrastrukturen", welches dem wirkungsmächtigsten Megatrend unserer Zeit unterliegt, dem Megatrend der „Konnektivität".[2] In ihrem Think-Tank-Report in Zusammenarbeit mit der Konrad-Adenauer-Stiftung wird die Ära der Hypervernetzung aufgezeigt. Das Internet ist das führende Kommunikationsmedium und ein elementares Werkzeug für Industrie und Individuen. Durch vernetzte Kommunikationstechnologien wurde die Arbeit, das Wirtschaften und vor allem das Leben jedes einzelnen Menschen verändert. Durch diese entwickeln sich immer weiter neue Gewohnheiten und Lebensweisen. Die Datenübertragung in Echtzeit ermöglicht heute neue Zukunftstechnologien und die „Smartifizierung" der Welt.[3] Das „Internet der Dinge" wird von der Internationalen Fernmeldeunion der Vereinten Nationen als weitreichende Vision mit technologischen und gesellschaftlichen Auswirkungen beschrieben. Es schafft die Möglichkeit, ein Netzwerk von Geräten zu realisieren, welche via Funkschnittstellen über das Internet kommunizieren, Daten speichern, verarbeiten und als Teil eines anwendungsorientierten Gesamtsystems interagieren.[4]

---

[1] Vgl. Statistisches Bundesamt [2023], o. S.
[2] Vgl. Zukunftsinstitut [2023], o. S.
[3] Vgl. Think-Tank-Report [2021], S. 3, 6.
[4] Vgl. Holtmannspötter et al. [2021], S. 104.

G. Saric und T. Glatte, *Gebäudeautomation in Wohn- und Wirtschaftsimmobilien,* Studien zum nachhaltigen Bauen und Wirtschaften, https://doi.org/10.1007/978-3-658-44232-3_1

Der soeben angeführte Stand der Technologie legt nahe, dass nicht nur einzelne Alltagsgegenstände mit intelligenter Technik, sondern ganze Gebäude mit intelligenten, autonomen Systemen ausgestattet werden können. Eine vollständige Gebäudeautomation in Wohngebäuden wird heute auch als „Smart Home", zu Deutsch „intelligentes Zuhause", bezeichnet.[5]

Nach dem Hamburger Datenportal Statista wächst das Interesse und die Nachfrage nach Smart-Home-Technologien innerhalb der deutschen Bevölkerung. Die aktuell circa 400 Mio. im Einsatz befindlichen Home Devices in deutschen Haushalten sollen sich bis 2026 auf knapp eine Milliarde mehr als verdoppeln. Ebenfalls soll der Umsatz mit Smart-Home-Technologien von aktuell rund 7,8 Mrd. € auf 10,6 Mrd. € wachsen, was einer jährlichen Wachstumsrate von 6,4 % entspricht. Nach einer Studie von Splendid Research aus dem Jahr 2021 nutzen aktuell 40 % der Deutschen mindestens eine smart-home-fähige Anwendung, die jedoch allein keine vollständige und intelligente Gebäudeautomation ausmacht. Nur 18 % davon sind „echte Nutzer", also solche, die mehrere Anwendungen zu einem System verknüpft haben und eine Systemlogik betreiben.[6] Der Mehrheit der „einfachen Nutzer" oder auch Nicht-Nutzer ist noch nicht bewusst, welche Vorteile durch die vollständige Automatisierung ihres Zuhauses entstehen können.

Durch die zunehmende Präsenz von Smart-Home-Technologien gerieten ebenfalls die damit verbundenen Möglichkeiten der Lebenszykluskostenoptimierungen der Immobilie in den wissenschaftlichen Fokus. Die Gebäudeautomation von Wohn- und Wirtschaftsgebäuden, also die Automatisierung verschiedener Prozesse durch Smart-Home-Technologien in einem verknüpften System, beispielsweise eine automatisierte Heizungs- oder Beschattungssteuerung, besitzt eine besonders hohe Relevanz. Ein System dieser Art bietet die Möglichkeit, die Energieeffizienz eines Gebäudes zu steigern, was wiederum nachhaltige wie auch wirtschaftliche Vorteile durch Energieeinsparungen ermöglicht. Ebenfalls können Smart-Home-Technologien den Nutzerkomfort sowie die Sicherheit eines Gebäudes erhöhen.[7] Das automatisierte Wohngebäude optimiert den gesamten Lebenszyklus der Immobilie und sorgt für die spätere nachhaltige Qualität des Gebäudes.[8] Gerade in der aktuellen Zeit, in der die Energiepreise deutlich

---

[5] Vgl. Wisser [2018], S. 13.

[6] Vgl. Splendid Research [2021], o. S.

[7] Vgl. Wisser [2018], S. 14.

[8] Vgl. Litau [2015], S. 19.

gestiegen sind, ist die Energieeffizienz einer Immobilie einer der wichtigsten Faktoren bei der Bewirtschaftung. Nach dem Statistischen Bundesamt sind die Erzeugerpreise für Erdgas im Januar 2023 um 50,7 % höher als im Januar 2022, für Strom um 27,3 %.[9]

1.1 Forschungsfrage und Zielsetzung des Buches

Das vorliegende Buch thematisiert, wie Gebäudeautomationen die Betriebskosten einer Wohnimmobilie reduzieren können. Darüber hinaus wird untersucht, inwiefern der ökonomische Nutzen von Smart-Home-Technologien bei einer Wirtschaftsimmobilie variiert. Daraus resultieren die folgenden zwei Forschungsfragen:

a) Welche Smart-Home-Technologien bzw. Gebäudeautomationen können den Energieverbrauch eines Wohngebäudes am besten optimieren und damit die Energiekosten des Lebenszyklus am stärksten reduzieren?
b) Inwiefern unterscheidet sich der ökonomische Nutzen bei dem Einsatz von Gebäudeautomationen zwischen Wirtschafts- und Wohnimmobilien im Hinblick auf die Reduktion der Energiekosten?

Zunächst werden verschiedene Anwendungsfelder eines Wohngebäudes betrachtet, in welchen eine Integrierung von Smart-Home-Technologien einen Beitrag zu Energieeinsparungen verzeichnen und damit den wirtschaftlichen Nutzen innerhalb des Lebenszyklus optimieren können. Hierbei wird untersucht, in welchem Anwendungsfeld die größten Einsparungen zu ermitteln sind. Daraufhin wird der Vergleich mit einer Wirtschaftsimmobilie hergestellt. Ziel ist es zu untersuchen, inwieweit der vergleichbare Einsatz der Technologien innerhalb dieser Assetklasse Unterschiede im ökonomischen Nutzen ausmacht. In dieser Arbeit wird sich auf die folgenden Anwendungsfelder konzentriert: Klimatisierung (automatisierte Heizungsregelung), Beleuchtung und Beschattung.

---

[9]Vgl. Statistisches Bundesamt [2023], o. S.

1.2 Aufbau des Buches

Die vorliegende Arbeit ist wie folgt aufgebaut: Zunächst werden im zweiten
Kapitel die theoretischen Grundlagen in Anlehnung an die Forschungsfrage
und deren Ziele dargelegt. In Abschn. 2.1 werden die Grundlagen der Assetklasse Wohnimmobilie, in Abschn. 2.2 die Grundlagen der Assetklasse Wirtschaftsimmobilie sowie in Abschn. 2.3 der gesamte Lebenszyklus eines Gebäudes erläutert. Es wird thematisiert, wie die Betriebskosten im Lebenszyklus
des Wohngebäudes aufgebaut sind, wie diese sich entwickeln und wie sehr die
Beeinflussbarkeit der Kostenentwicklung von den einzelnen Phasen des Immobilienlebenszyklus abhängig ist. Abschn. 2.4 befasst sich daraufhin mit den
theoretischen Grundlagen der Smart-Home-Technologie. Die Abschn. 2.5 und
2.6 erläutern die Ebenen sowie Systemstrukturen der Gebäudeautomation. Auch
wird in Abschn. 2.7 das zentrale Übertragungssystem KNX vorgestellt, welches die Grundlage für die Einrichtung von Gebäudeautomationen (GA) bildet. Abschn. 2.8 stellt die drei ausgewählten Anwendungsfelder der GA vor. In
Abschn. 2.9 werden dann die verschiedenen GA-Effizienzklassen beleuchtet. Im
dritten Kapitel der Arbeit wird die Methode der Forschung vorgestellt, um die
dargelegten Ziele zu erreichen. Das vierte Kapitel führt dann zur Analyse hin.
Hier wird auf Grundlage des aktuellen Forschungsstands untersucht, welche
Energieverbrauchsoptimierung GA in den vorgestellten Anwendungsfeldern be-
wirken können und welches Anwendungsfeld die größten Einsparpotenziale verzeichnet. Anschließend erfolgt die Analyse und der Vergleich zwischen den Segmenten Wohn- und Wirtschaftsimmobilie. Hier wird untersucht, inwiefern sich
Unterschiede beim Einsatz von Smart-Home-Technologien hinsichtlich des ökonomischen Nutzens ergeben. Abschließend wird in Kap. 5 „Zusammenfassung
der Ergebnisse und Diskussion" versucht zu interpretieren, warum die Ergebnisse so ausgefallen sind und wieso Unterschiede zwischen den Segmenten sowie
innerhalb der Anwendungsfelder der Gebäudeautomationen auftreten. Im sechs-
ten Kapitel der Arbeit wird ein abschließendes Fazit gezogen sowie ein Ausblick
gegeben.

Theoretische Grundlagen

2

Die theoretischen Grundlagen dieser Arbeit, wie auch die Analyse, bestehen aus einer Kombination von Fachliteratur und aktuellen Internetdokumenten sowie bereits erhobenen empirischen Studien.

2.1 Grundlagen der Wohnimmobilie

„Someone rolled a rock to the entrance of a cave and created an enclosed space for his family – a warmer, more defensible shelter, distinct from the surrounding environment."[1]

Wie aus dem Zitat von James Graaskamp, ehemaliger Professor und Vorsitzender der Fakultät für Immobilien an der University of Wisconsin-Madison, hervorgeht, ist das Bedürfnis eines geschützten Umfeldes, um sich und seine Familie zu schützen und einen privaten Raum zu schaffen, schon lange in der Menschheitsgeschichte verankert. Wohnen ist ein Grundbedürfnis, die Wohnimmobilie ist ein nicht substituierbares Gut, da sie den Bewohnern Schutz und Sicherheit sowie Raum für die persönliche Entfaltung bietet. Menschen leben in ihr allein, in einer Lebensgemeinschaft oder im Rahmen einer Familie. Wohnimmobilien haben neben ihrer sozialen Dimension auch eine wirtschaftliche als Investitionsgut.[2]

---

[1] Graaskamp (1991), S. 52.

[2] Vgl. Arnold et al. (2017), S. 69.

„Wohngebäude sind Gebäude, die überwiegend der Wohnnutzung dienen und außer Wohnungen allenfalls Räume für die Berufsausübung freiberuflich oder in ähnlicher Art Tätiger sowie die zugehörigen Garagen und Nebenräume enthalten."[3]

Diese Definition stammt aus der Landesbauordnung für Baden-Württemberg. Wohngebäude und charakterisiert in erster Linie, wie es der Name vermuten lässt, die Nutzung zum Wohnen. Die Definition aller anderen Immobilienarten ergibt sich erst im Anschluss an diejenige von Wohnimmobilien. So heißt es nach dem Statistischen Bundesamt: Nichtwohngebäude sind „Gebäude, die überwiegend (gemessen an der Gesamtnutzfläche) Nichtwohnzwecken dienen."[4]

Wohnimmobilien leiten sich aus der Kategorie der bebauten Grundstücke ab, welche den sachlichen Teilmärkten des Immobilienmarktes untergeordnet sind. Innerhalb dieser Kategorie ist der Begriff Wohnimmobilie, neben den Kategorien Wirtschaftsimmobilie sowie Agrar-/Forst- und Fischereiimmobilien, am eindeutigsten definiert und klarer abgegrenzt. Er impliziert die Nutzung des Wohnens, welches die eindeutige Grundfunktion darstellt.[5] Die europäische Bankenrichtlinie definiert hier unmissverständlich: „Wohnimmobilie: eine Wohnung oder ein Wohnhaus, die/das vom Eigentümer oder Mieter bewohnt wird, einschließlich des Wohnrechts in Genossenschaften."[6]

Wohnimmobilien lassen sich nach bautypologischen Merkmalen abgrenzen und in verschiedene Teilsegmente einordnen. Die Arten sind: Ein- und Zweifamilienhäuser, Reihenhäuser, Mehrfamilienhäuser oder Sonderformen wie beispielsweise Ferienhäuser und Seniorenwohnungen.[7]

Für die folgenden Untersuchungen und Analysen im Rahmen der gestellten Forschungsfrage ist die Unterscheidung zwischen den Teilsegmenten von keiner besonderen Relevanz. Die in den kommenden Kapiteln vorgestellten Smart-Home-Systeme lassen sich auf alle Formen der Wohnimmobilie in einem unterschiedlichen Umfang anwenden.

Wohnimmobilien bieten ebenfalls aufgrund ihrer Langlebigkeit und Wertstabilität eine Funktion als Sicherheit für das Kreditwesen. Hinter jedem zweiten Kredit in Deutschland steht eine Immobilie als Sicherheit (ca. 55 %). Immobilien

---

[3] Landesbauordnung für Baden-Württemberg (2010), § 2.
[4] Statistisches Bundesamt (2023), o. S.
[5] Vgl. ZIA – 2. Ergebnisbericht (2019), S. 20–21.
[6] EU-Verordnung Nr. 575/2013.
[7] Vgl. Arnold et al. (2017), S. 71.

und vor allem Wohnimmobilien haben eine hohe soziale und volkswirtschaftliche Bedeutung, Menschen verbringen circa 90 % ihres Lebens in ihr. Gerade aufgrund dieser Langlebigkeit können Immobilien aktuellen Entwicklungen und Trends nicht ausweichen.[8]

Einer dieser Trends ist die Gebäudeautomation in Wohngebäuden, welche sich nach der DIN EN ISO 16484-2 zum Ziel gesetzt hat, das Gebäude „energieeffizienter, wirtschaftlicher und sicherer zu betreiben".[9] Der Fokus liegt hierbei auf der Optimierung der verantwortlichen Prozesse im gesamten Lebenszyklus der Wohnimmobilie.

Zunächst wird ein Einblick in die Assetklasse Wirtschaftsimmobilie gegeben. Im darauffolgenden Abschnitt wird sich mit dem Lebenszyklus von Immobilien auseinandergesetzt. Hier wird ein Verständnis dafür geschaffen, warum es von Relevanz ist, die Nutzungskosten zu optimieren.

2.2 Grundlagen der Wirtschaftsimmobilie

Die Begrifflichkeit „Wirtschaftsimmobilie" ist eine Neuschöpfung und Zusammenfassung aus mehreren Bezeichnungen und Segmenten, wie „Gewerbeimmobilie",[10] Betriebsimmobile und Unternehmensimmobilie. Zur Schaffung eines besseren Verständnisses werden zunächst die Begrifflichkeiten der Unternehmens- und Betriebsimmobilie erläutert.

Die Initiative Unternehmensimmobilie hat den Begriff der „Unternehmensimmobilie" etabliert, diese soll als eigene, anlagetaugliche Assetklasse angesehen werden. Darunter fallen mehrere spezifische Immobilientypen, wie Produktionsimmobilien, Logistik-Lagerimmobilien, Transformationsimmobilien und Gewerbeparks.[11] Jedoch ist diese Begrifflichkeit noch nicht weitreichend genug, denn die Bezeichnung „Unternehmensimmobilie" umfasst nicht alle Formen von Immobilien, welche Unternehmen für die Umsetzung ihres Kerngeschäfts benötigen. Hierfür hat sich der Begriff „Betriebsimmobilie" durchgesetzt, welcher alle Formen beinhaltet, wie beispielsweise auch Verwaltungsbauten, Trainingszentren oder auch Bildungseinrichtungen. Die Nutzung kann hier beliebig aus-

---

[8] Vgl. ebd., S. 136.
[9] Vgl. DIN – Deutsches Institut für Normung e. V. (2004), o. S.
[10] Vgl. ZIA – 2. Ergebnisbericht (2019), S. 23.
[11] Vgl. Glatte (2019), S. 6.

fallen, jedoch muss sie ausschließlich dem Geschäftszweck des Unternehmens dienen. Einige Fachmedien verwenden fälschlicherweise den Begriff „Unternehmensimmobilie" deckungsgleich mit der Bezeichnung „Betriebsimmobilie".[12]

Um hier ein einheitliches Bild zu schaffen und auch wirtschaftlich genutzte Immobilien einzubeziehen, welche nicht direkt als „Gewerbe- oder Betriebsimmobilie" bezeichnet werden können, hat der Zentrale Immobilien Ausschuss e. V., in Zusammenarbeit mit dem Bundesinstitut für Bau,- Stadt- und Raumforschung und weiteren Verbänden, in seinem 2. Ergebnisbericht 2019 eine neue Begrifflichkeit und Definition vorgestellt, die für die eben beschriebene Problematik allumfassend sein soll: „Wirtschaftsimmobilien sind solche Immobilien, die der Nutzer zur Erstellung eines Produktes oder einer Dienstleistung als Produktionsfaktor einsetzt. Nutzer solcher Wirtschaftsimmobilien sind Unternehmen oder die öffentliche Hand."[13] Auch die Bundesregierung hat diese Definition mittlerweile angenommen.[14] Daher wird auch in dieser Arbeit der Begriff „Wirtschaftsimmobilie" für jedes Asset, welches darunterfällt, angewandt.

Unter der Begrifflichkeit Wirtschaftsimmobilie werden Immobilien mit sehr spezifischen und heterogenen Nutzungs- und Renditezielen gefasst. Folgende Segmente fallen darunter: Handelsimmobilien, Büroimmobilien, Beherbergungs- und Gastronomieimmobilien, Industrie-, Produktions- und Logistikimmobilien, Gesundheits- und Sozialimmobilien, Immobilien für Freizeit-, Kultur- und Bildungseinrichtungen sowie Immobilien für die technische Infrastruktur und öffentliche Sicherheit.[15]

Im Fokus betrieblicher bzw. wirtschaftlicher Immobilen steht das Corporate-Real-Estate-Management (CREM). Hierbei handelt es sich um das wert- und erfolgsorientierte Beschaffen, Betreuen und Verwerten von Immobilien. Im Fokus steht vor allem die optimale und erfolgsorientierte Bewirtschaftung entsprechend den Nutzerbedürfnissen.[16] CREM ist am häufigsten der Finanz- und Controlling-Abteilung zugeordnet, was dazu führt, dass die Ziele primär hinsichtlich der Kostenoptimierung, gelegentlich in Verbindung mit der Nutzenoptimierung, ausgerichtet sind.[17] Geprägt werden diese Ziele auch von

---

[12] Vgl. ebd., S. 7.

[13] ZIA – 2. Ergebnisbericht (2019), S. 23.

[14] Vgl. ebd., S. 23.

[15] Vgl. ZIA – 2. Ergebnisbericht [2019], S. 24.

[16] Vgl. Christmann und Glatte (2022), S. 158.

[17] Vgl. Von Ditfurth (2022), S. 61.

Abb. 2.1 Lebenszyklus der Immobilie. „In Anlehnung an (Glatte (2023), S. 91"

gesellschaftlichen Transformationsprozessen, sogenannten „Megatrends". Ein besonders starker Treiber ist der Trend der „Digitalisierung".[18] Dieser Trend richtet den Fokus besonders auf die Verbesserung von Prozessen immobilienwirtschaftlicher Dienstleister, hier sind große Potenziale für die Effizienz- und Produktivitätssteigerung vorhanden.[19]

Für eine erfolgsorientierte Bewirtschaftungsphase einzelner Assets eines Unternehmens, mit Fokus auf die Kostenoptimierung, kann der Einsatz von GA sorgen. Nach dem Bussystem-Hersteller KNX, welcher die Basis für GA bietet, können über 40 % der Energiekosten durch den Einsatz verschiedener Gebäudeautomationstechnologien in Wirtschaftsimmobilien eingespart werden.[20] Ob dies tatsächlich der Fall ist, werden die Untersuchungen im Analyseteil dieser Arbeit aufzeigen.

2.3   Lebenszyklus eines Gebäudes

Da die Immobilie ein langlebiges Gut darstellt, ist es bei der Konzeption bereits von Relevanz, einen wirtschaftlichen Betrieb zu ermöglichen, welcher über die gesamte Lebensdauer verläuft.[21] Der Lebenszyklus einer Immobilie (s. Abb. 2.1) ist in verschiedene Phasen gegliedert. Der Begriff Zyklus beschreibt eine wiederkehrende, gleichartige Periode.[22] Der Immobilienlebenszyklus beginnt mit der Konzeption und Entstehungsphase eines Gebäudes, verläuft über

---

[18] Vgl. Christmann und Glatte (2022), S. 166.

[19] Vgl. Wagner et al. (2022), S. 84.

[20] Vgl. Energieeffizienz mit KNX (o. J.), S. 5.

[21] Vgl. Kurzrock (2017), S. 315.

[22] Vgl. Gromer (2012), S. 98–100.

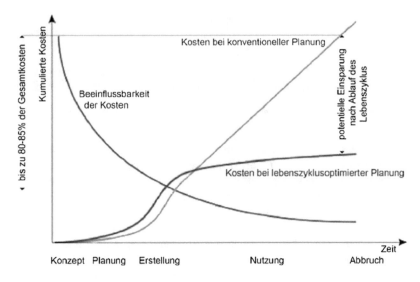

Abb. 2.2 Beeinflussbarkeit der Lebenszykluskosten (Litau (2015), S. 24)

mehrere Nutzungs- und Umnutzungsphasen und endet mit dem Rückbau der Immobilie.[23] Den zeitlichen Rahmen des Immobilienlebenszyklus bildet die tatsächliche Lebensdauer des Gebäudes, diese kann jedoch unterteilt werden in eine wirtschaftliche sowie technische Lebensdauer. Sind die eigentliche Funktion und der Zweck der Immobilie nicht mehr erfüllbar, endet die technische Lebensdauer. Bei der Wohnimmobilie wäre dies der Fall, wenn das Gebäude auch durch Instandsetzung nicht wiederherstellbar und somit unbewohnbar geworden ist, dies wird auch als technisch obsolet bezeichnet. Die wirtschaftliche Lebensdauer endet zu dem Zeitpunkt, wenn das Gebäude durch einen Umbau oder eine Revitalisierung eine höhere Rendite erzielen kann. Hierbei haben der technische Standard des Gebäudes, sowie die bauliche Qualität eine besondere Relevanz.[24]

---

[23] Vgl. GEFMA-Richtlinie 100–1.
[24] Vgl. Kurzrock (2017), S. 318.

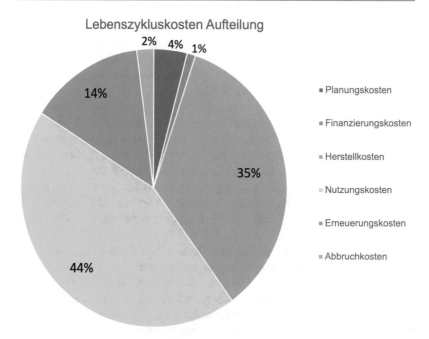

Abb. 2.3 Lebenszykluskosten Aufteilung nach LCC-Betrachtung. „In Anlehnung an (Hoffmann (2014), S. 23)"

2.3.1   Lebenszykluskosten in der Nutzungsphase

Die Nutzungskosten bzw. Bewirtschaftungskosten im Lebenszyklus der Immobilie umfassen die Kosten für die Verwaltung, den Betrieb und die Instandhaltung.[25] Die Betriebskostenverordnung beschreibt in § 2 allgemeine Betriebskostenarten enumerativ demonstrativ. Dazu gehören vor allem die Kosten der Heizung, der Wasser- und Warmwasserversorgung, die Beleuchtung sowie der Betrieb weiterer technischer Einbauten wie Aufzüge, Jalousien, elektronische Geräte etc.[26]

---

[25] Vgl. ebd., S. 329.
[26] Vgl. Betriebskostenverordnung (BetrKV) (2004), § 2.

Die Beeinflussbarkeit der Lebenszykluskosten, welche in der Nutzungsphase entstehen, ist in der Konzeptions- und Planungsphase am größten. Nach der Bauausführung der Immobilie ist die Beeinflussbarkeit der Kosten innerhalb des Lebenszyklus erschwert, mit Ausnahme bei einer Revitalisierung. Die Abb. 2.2 veranschaulicht die eben angeführte Entwicklung.[27]

Daher ist bei einem Neubau schon von Beginn an relevant, die Kosten des gesamten Lebenszyklus zu berücksichtigen, um die Nachhaltigkeit sowie ökonomische Effizienz des Gebäudes zu garantieren.[28] Nach Heidemann sind die Energieverluste nach der Errichtung des Gebäudes festgelegt, da diese von den bauphysikalischen Eigenschaften und der Ausführung des Bauwerkes abhängen. Jedoch kann auch noch die Nutzungsphase den tatsächlichen Energieverbrauch beeinflussen. Ein Gebäude mit einer Raumtemperatur von 22°C verbraucht im Durchschnitt 18 % mehr Energie als ein Gebäude, welches nur auf 19°C beheizt wird.[29]

Wie veranschaulicht, ist die Beeinflussbarkeit der Lebenszykluskosten in der Nutzungsphase deutlich geringer, jedoch ist der noch beeinflussbare Bereich maßgeblich vom Verhalten des Nutzers abhängig. In einem konventionellen Wohngebäude muss der Nutzer entsprechend danach handeln, beispielsweise werden Fensteröffnungen und Heizungsventile manuell geschlossen und geöffnet. Die ständige bedarfsabhängige Anpassung von Raumtemperaturen ist aufwendig und zeitintensiv, vergisst ein Nutzer eine Steuerung oder ist dieser abwesend, kann ebenfalls keine Anpassung erfolgen. Eine Gebäudeautomation kann je nach Automatisierungsgrad verschwenderisches Nutzerverhalten ausgleichen und die Lebenszykluskosten in der Nutzungsphase optimieren.[30] In den folgenden Kapiteln wird analysiert, wie solch eine Automatisierung optimal eingerichtet werden kann.

Die Betrachtung der LCC (Life Cycle Costs), zu Deutsch Lebenszykluskostenrechnung, ist eine Kostenmanagement-Methode, welche die Kostenentwicklung der Immobilie im gesamten Lebenszyklus betrachtet. Gerade für Investoren ist diese Analyseform von hoher Relevanz.[31] Bei den LCC wird ein Betrachtungszeitraum von 50 Jahren angesetzt. In dieser Lebenszykluskosten-

---

[27] Vgl. Ehrenheim (2017), S. 510–511.

[28] Vgl. Litau (2015), S. 25.

[29] Vgl. Heidemann (2013), S. 35.

[30] Vgl. Heidemann (2013), S. 36.

[31] Vgl. Hoffman (2014), S. 23.

rechnung finden sich alle Kosten des Gebäudes wieder, welche in diesem Zeitraum anfallen.[32]

Die Abb. 2.3 veranschaulicht alle Kostengruppen im Lebenszyklus eines Verwaltungsgebäudes im Zeitraum von 50 Jahren. Der Grafik lässt sich entnehmen, dass die Nutzungsphase den höchsten Kostenanteil im Betrachtungszeitraum abbildet. Diese Grafik verdeutlicht die Wichtigkeit der Kostenplanung dieser Phase sowie die lebenszyklusgerechte Bewirtschaftung eines Gebäudes während der Nutzungsphase.

GA bieten das Potenzial, bereits bei der Planung von Neubauten eingesetzt zu werden, um schon von Beginn an die Nutzungskosten zu reduzieren, sowie bei der Revitalisierung von Bestandsgebäuden, um die Kostenentwicklung für die nächste Nutzungsphase zu optimieren. Im analytischen Teil dieser Arbeit wird untersucht, wie die Nutzungskosten von Wohngebäuden reduziert werden können, wenn GA eingesetzt werden. Um auch hierfür eine theoretische Grundlage zu schaffen, wird in den folgenden Kapiteln auf GA im Allgemeinen eingegangen.

2.4 Grundlagen der Gebäudeautomationen (Smart-Home-Technologien)

Die DIN EN ISO 16484-2 definiert Gebäudeautomation wie folgt:

„Die Gebäudeautomation (GA) ist die Bezeichnung der Einrichtungen, Software und Dienstleistungen für automatische Steuerung und Regelung, Überwachung und Optimierung sowie für Bedienung und Management zum energieeffizienten, wirtschaftlichen und sicheren Betrieb der Technischen Gebäudeausrüstung."[33]

Aus dieser DIN-Norm wird ersichtlich, dass Smart-Home-Technologien und GA die Automationen der Technischen Gebäudeausrüstungen (TGA) darstellen.[34] Der Verein Deutscher Ingenieure (VDI) bezeichnet die TGA als: „alle im Bauwerk eingebauten oder damit fest verbundenen technischen Einrichtungen und

---

[32] Vgl. ebd., S. 23.

[33] DIN – Deutsches Institut für Normung e. V. (2004), o. S.

[34] Vgl. Wisser (2018), S. 20.

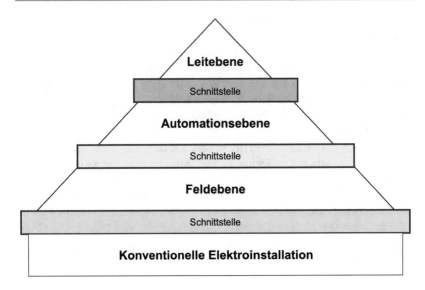

Abb. 2.4 Automatisierungspyramide „In Anlehnung an (Aschendorf (2014), S. 60)"

nutzungsspezifische Einrichtungen sowie technische Einrichtungen in Außenanlagen und in Ausstattungen."[35]

Wie in Abschn. 2.1 bereits angeführt, ist das Ziel einer GA, das Gebäude energieeffizienter, wirtschaftlicher und sicherer zu betreiben. In dieser Arbeit wird sich hauptsächlich auf den ökonomischen Nutzen konzentriert, vorrangig im Bereich der Energieeffizienz.

Es existieren viele ähnliche Ausdrücke und vergleichbare Begrifflichkeiten für die GA von Wohngebäuden, darunter „Smart Home", zu Deutsch „intelligentes Zuhause", oder auch „Smart Living", zu Deutsch „intelligentes Wohnen". Dem Wohngebäude wird nach diesen Bezeichnungen ein gewisses Maß an Intelligenz zugeschrieben, wodurch bestimmte Prozesse durch ein eigenständiges Handeln ablaufen. Ebenfalls wird die GA auch als vernetztes Wohnen bezeichnet. Hierbei wird von einem intelligenten Austausch der technischen Komponenten innerhalb

---

[35]VDI – Verein Deutscher Ingenieure (2015), o. S.

des Gebäudenetzwerkes gesprochen, die GA unterliegt demnach einer Systemlogik.[36]

In den folgenden Abschnitten wird ein kurzer Überblick zu den unterschiedlichen und gängigsten GA-Systemen hinsichtlich ihrer Ebenen und ihrer Struktur geschaffen. Hierbei wird erläutert, welches GA-System ein Wohngebäude benötigt, um beispielsweise eine Automatisierung der Klimatisierung oder der Beleuchtung zu ermöglichen. Dies bildet die Grundlage für die spätere Forschung, welche Smart-Home-Technologie den größten ökonomischen Nutzen im Lebenszyklus des Wohngebäudes bietet.

2.5   Ebenen der Gebäudeautomation

Im folgenden Abschnitt wird zunächst der grundlegende Aufbau einer GA wiedergegeben. Dies ist relevant für das Verständnis der Funktionsweise der GA. Das GA-System-Netzwerk umfasst verschiedene einzelne Ebenen, welche je nach Komplexität und Funktionsbereitschaft untergeordnet aufgebaut sind.[37]

Die DIN ISO 16484-2 beschreibt das GA-System-Netzwerk wie folgt:

„Ein GA-System-Netzwerk ist das Kommunikationsnetzwerk eines Systems der Gebäudeautomation für den Austausch von Informationen digitaler, analoger und anderer Kommunikationsobjekte in unterschiedlichen Einrichtungen."[38]

Demnach sorgt das GA-System-Netzwerk dafür, dass alle Komponenten, welche innerhalb des Netzwerks installiert sind, miteinander kommunizieren können.[39] Die Basis der GA ist das sogenannte Bussystem. Anders als bei Industrieautomationen, bei welchen das System aus mehreren Schichten bestehen kann, sind es bei der GA nur drei Ebenen. Diese Ebenen bestehen aus der Feldbusebene, der Automationsebene und der Managementebene. Zwischen diesen Ebenen liegen Schnittstellen, welche für den Datenaustausch bestimmt sind. Diese Schnittstellen haben eine besonders hohe Relevanz, da fast kein GA-System alle Ebenen der Automatisierungspyramide allein abdecken kann.[40] Die Grundlage dieser Automatisierungspyramide bildet die Elektroinstallation (s. Abb. 2.4). Da

---

[36]Vgl. Wisser (2018), S. 22.

[37]Vgl. ebd., S. 22.

[38]DIN – Deutsches Institut für Normung e. V. (2004), o. S.

[39]Vgl. Wisser (2018), S. 23.

[40]Vgl. Aschendorf (2014), S. 59.

das GA-System-Netzwerk darauf beruht, ist diese so unerlässlich, dass man die Elektroinstallation auch als vierte Ebene ansehen kann.[41]

2.5.1 Konventionelle Elektroinstallation

Die konventionelle Elektroinstallation hat gerade bei Neubauten eine hohe Relevanz, da diese hier bereits auf eine zentrale, dezentrale oder halbdezentrale GA abgestimmt werden kann.[42] In Anbetracht der Lebenszykluskostenoptimierung wäre dies der erste Schritt, um bereits in der Planungsphase Vorkehrungen zu treffen, die richtige Elektroinstallation für das spätere GA-System zu wählen. Bei Revitalisierungen von Wohngebäuden muss die vorhandene konventionelle Elektroinstallation als gegeben hingenommen werden, da Erweiterungen nur unter hohem Aufwand erfolgen können. Die konventionelle Elektroinstallation dient zur Energieeinspeisung und Medienversorgung in einem Gebäude, dies erfolgt über den Hausanschlussraum als Zentrale. Von dort aus werden Energie und Information zum Verwendungsort in die einzelnen Räume transportiert, wie beispielsweise für Telefonie und Internet. Das wichtigste Element für die Installation der GA ist der Stromkreisverteiler, da über diesen die Verteilung des Stromkreises in die einzelnen Räume erfolgt.[43]

Wie der Automationspyramide entnommen werden kann, ist die konventionelle Elektroinstallation die einfachste Ebene der GA. Die vorrangige Aufgabe ist, die elektrische Energie zu den jeweiligen Verbrauchern über ein Leitungssystem zu transportieren. Wie bereits erwähnt, bildet diese Ebene die unverzichtbare Grundlage für jede GA eines Wohngebäudes.

Entscheidend für die Automation eines Haushaltes, welche über die einfache Schaltersteuerung hinausgehen soll, sind innovative Bussysteme, welche Energie und Information über getrennte Leitungen transportieren. Erst dadurch entsteht ein komplexes System, welches die Automation des Gebäudes ermöglicht. Die Bussysteme umfassen die folgenden drei Ebenen der Automationspyramide, welche in den nächsten Abschnitten erläutert werden.[44]

---

[41] Vgl. Wisser (2018), S. 23.
[42] Vgl. Aschendorf (2014), S. 60.
[43] Vgl. ebd., S. 60.
[44] Vgl. Baunetz_Wissen (2017), o. S.

2.5.2 Feldbusebene

Die Feldbusebene ist die nächste Stufe der Automationspyramide, sie umfasst das Gebäudebussystem an sich. Diese Ebene bildet die Grundlage der GA und dient als Schnittstelle zwischen der Anlage, dem Gebäude und dem Automationssystem. Diese Ebene besteht aus verschiedenen Sensoren und Aktoren, die Kommunikation findet über das Feldbussystem statt. Sensoren haben die Funktion, Daten und Zustände zu erfassen, wie beispielsweise die Temperatur, die Helligkeit oder eine Bewegung. Diese Daten werden in elektrische Signale umgewandelt und an die höheren Ebenen der Automationspyramide gesendet, wo diese abgefangen und verarbeitet werden können. Der zweite Gerätebereich ist die Aktorik. Aktoren sind Stellmotore für Ventile und Klappen, Schalt- und Dimmeinrichtungen für die Beleuchtung oder ein Antrieb für den Sonnenschutz.[45] Die Verbindung und der Austausch zwischen den Systemen erfolgt über sogenannte Gateways, diese ermöglichen die Verbindung zwischen den Systemen sowie den Ebenen untereinander. Die Feldbusebene ermöglicht bereits einige lokale Aktionen, welche noch keinen Automatisierungsgrad aufweisen. Dazu gehört beispielsweise die Beleuchtungs-, Jalousie- oder Temperatursteuerung per Schalter.[46] Für den ersten Automatisierungsgrad eines Systems wird die nächste Ebene, die sogenannte Automatisierungsebene benötigt.

2.5.3 Automatisierungsebene

Die Automationsebene wertet die Informationen aus der Feldebene von einer oder mehreren Recheneinheiten aus, daraufhin werden diese in Schalt- und Stellbefehle umgesetzt.[47] Bei der Automatisierungsebene geht es um die Steuerung und Regelung von Komponenten, welche eine Logik benötigen oder einer logischen Steuerung unterliegen sollen. Realisiert wird dies durch Verknüpfungsbausteine, Logikmodule oder Controller. Die Systemkomponenten kommunizieren über den Prozessbus auch untereinander und übertragen ihre Entscheidungen an den Feldbus. Funktionen der Automatisierungsebene sind beispielsweise die Zeitsteuerung, die Anwesenheitssteuerung, oder auch die Zustandssteuerung von

---

[45]Vgl. Schäfer (2012), S. 16.

[46]Vgl. Aschendorf (2014), S. 67.

[47]Vgl. Schäfer (2012), S. 17.

Helligkeit, Temperatur oder Wetterzustand.[48] Als Beispiel der Funktionsausübung wird die Heizungssteuerung angeführt. Hier erfolgt eine Regulierung der Temperatur über einen Abgleich der Soll- und Ist-Werte. Sensoren erfassen die Ist-Werte, beispielsweise die aktuelle Raumtemperatur, und gleichen diese mit den zuvor festgelegten Soll-Werten ab. Weicht der Ist-Wert vom Soll-Wert ab, wird ein Befehl von der Automationseben an die ausführenden Aktoren geschickt.[49] Diese regulieren den Wert bis zum erreichenden Soll-Wert.

2.5.4 Leitebene

Die Hauptaufgabe der Leitebene ist die Visualisierung, Bedienung sowie Ermittlung von Fehlern und Störmeldung im System des Gebäudes.[50] Daher ist die Leitebene auch die Spitze der Automatisierungspyramide. Die wesentliche Funktion der Leitebene ist das „Beobachten" und „Bedienen". Hierbei geht es um die Beobachtung aller Sensoren und Aktoren eines Gebäudes, um Störungen zu erkennen und diese im System von Fehlerbedienungen zu unterscheiden. Vor allem das Service-Management eines Gebäudes kann durch dieses System profitieren und unterstützt werden.[51] In Kombination mit der Automations- und Feldebene bildet die Leitebene das komplette Programm eines GA-Systems ab.[52]

Bei dem Einsatz im privaten Haushalt können durch die Leitebene folgende Funktionen ermöglicht werden: automatisches Abschalten des Lichts, wenn dieses beim Verlassen der Wohnung nicht abgeschaltet wurde, Abschaltung anderer Haushaltsgeräte, welche vergessen wurden, das Hochfahren der Heizung auf eine gewünschte Temperatur und viele weitere automatisierte Prozesse.[53] Bei der Thematik der Reduktion der Betriebskosten eines Wohngebäudes haben diese Funktionalitäten eine besonders hohe Relevanz.

---

[48]Vgl. Aschendorf (2014), S. 67–68.

[49]Vgl. Schmid et al. (2016), S. 12.

[50]Vgl. Schäfer (2012), S. 17.

[51]Vgl. Aschendorf (2014), S. 68.

[52]Vgl. Schäfer (2012), S. 17.

[53]Vgl. Aschendorf (2014), S. 69.

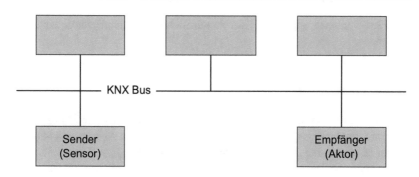

Abb. 2.5   Sensor-Aktor-Prinzip „In Anlehnung an (KNX Grundlagenwissen (o. J.), S. 5)"

2.6   Systemstrukturen der Gebäudeautomation

Neben den unterschiedlichen Ebenen der GA kann die Automation eines Wohngebäudes auch hinsichtlich unterschiedlicher Strukturen erfolgen. Hierbei werden GA-Systeme danach unterschieden, ob sie eine Zentrale für ihre Funktionsausübung benötigen oder nicht. Die Differenzierung des Systems erfolgt in zentrale und dezentrale Systeme.[54]

2.6.1   Zentrale Systeme

Das zentrale System zeichnet sich dadurch aus, dass alle Sensoren und Aktoren, welche im System der GA installiert sind, über eine zentrale Einheit installiert sind und von dort aus gesteuert werden. Reagiert ein Sensor auf eine Funktionsanforderung, erfolgt die Übermittlung nicht direkt an den Aktor, sondern wird erst an die Zentrale gesendet. Von dort aus werden die übermittelten Daten ausgewertet, anschließend wird der ausführende Befehl an den Aktor gesendet. Vorteil des zentralen Systems ist, dass beliebig viele Funktionen ausgewertet werden können, da alle Zustände in einer Zentrale erfasst sind. Nachteilig ist, dass der Ausfall der Zentrale zu einem Gesamtausfall des Systems führen kann.[55] Die

---

[54]Vgl. ebd., S. 41.

[55]Vgl. ebd., S. 42.

Feldgeräte können nur mithilfe der Automationsebene untereinander kommunizieren.[56]

2.6.2 Dezentrale Systeme

Ein dezentrales System hat keine Hauptzentrale, über das die Gebäudeautomationsteilnehmer gesteuert werden. Die angeschlossenen Aktoren und Sensoren laufen über einzelne „Controller". Diese verfügen über eigene Kommunikationsprozessoren, welche eine Verbringung zum Netzwerk aufbauen können, sowie einen Funktionsprozessor und Anwendungsprozessor, welche die Funktionalitäten zu den angeschlossenen Sensoren und Aktoren steuern. Dadurch können mehrere Automatisierungen unabhängig voneinander installiert werden. Jeder Teilnehmer ist somit für sich „intelligent".[57] Die Signale, welche die Sensoren aufnehmen, werden direkt über das Bussystem an die Aktoren gesendet und können dadurch sofort ausgeführt werden.[58]

Vorteil des dezentralen Systems ist, dass es keinen Totalausfall des gesamten Systems geben kann, da keine Hauptzentrale vorhanden ist. Auch kann das System um eine Vielzahl von Aktoren und Sensoren erweitert werden, ohne auf die Zentrale angewiesen zu sein. Jedoch ist der Programmierungsaufwand höher,[59] auch kann bei der Anschaffung mit höheren Kosten gerechnet werden, da mehrere einzelne Controllerelemente benötigt werden.[60] Dies ist abhängig von der Anzahl der Automationsteilnehmer bzw. dem Ausmaß des Automatisierungsgrades des Gebäudes.

2.7   Übertragungssystem der Gebäudeautomation

In dem vorangegangenen Kapitel wurde über die verschiedenen Ebenen und Strukturen der GA gesprochen. Um diese zu realisieren, muss sich für ein Bussystem entschieden werden, welches im Wohngebäude installiert wird. Daher las-

---

[56] Vgl. Schäfer (2012), S. 18.

[57] Vgl. Aschendorf (2014), S. 44.

[58] Vgl. Wosnitza et al. (2012), S. 393.

[59] Vgl. ebd., S. 393.

[60] Vgl. Aschendorf (2014), S. 44.

sen sich die Systeme auch hinsichtlich ihrer Übertragungsmedien unterscheiden. Diese sind die Grundlage für alle Automatisierungen im späteren Haushalt. Es wird hauptsächlich zwischen drahtgebundenen und funkbasierten Systemen unterschieden, hier gibt es unterschiedliche Hersteller und Betreiber von Bussystemen. In dieser Arbeit wird sich jedoch hauptsächlich auf das KNX-System konzentriert, da sich dieses als das Standard-Bussystem im Einbau von Smart-Home-Technologien etabliert hat und alle Übertragungsformen ermöglicht.[61] KNX hat nach einer Umfrage des „Zentralverbands der Deutschen Elektro- und Informationstechnischen Handwerke" (ZVEH) unter Elektroinstallateuren einen Marktanteil von 53 % und ist die verbreitetste Smart-Home-Technologie bei Einfamilienhäusern. Auch gibt es deutliche Wachstumssignale für die nächsten Jahre.[62] Seit November 2006 ist der Standard auch international in der Norm ISO/IEC 14.543-3 anerkannt, weltweit haben sich rund 250 Mitglieder in verschiedenen Ländern an den offenen Standard angeschlossen.[63]

2.7.1 KNX-System

Das KNX-System ist ein dezentrales Bussystem, welches über separate Leitungen (Twisted Pair) verlegt werden kann und somit unabhängig ist von der herkömmlichen Elektroinstallation. Jedoch bietet sich diese Form hauptsächlich im Neubau an, da die Leitungen von Beginn an verlegt werden müssen. Für den Bestand gibt es die Alternative „KNX Powerline" sowie „KNX Radio Frequency". Bei Ersterem werden vorhandene Stromkabel des Gebäudes als Übertragungsmedium verwendet, wenn diese es ermöglichen. Sollten dies nicht möglich sein, kann mit „KNX Radio Frequency" auch eine Übertragung durch Funk ermöglicht werden.[64]

Das besondere Merkmal des KNX-Systems ist der dezentrale Aufbau, wie bereits erläutert, wird bei einem dezentralen System kein zentrales Steuergerät benötigt, jedes Gerät, welches im Bussystem installiert ist, verfügt über einen eigenen Mikroprozessor.[65]

---

[61] Vgl. ebd., S. 51.
[62] Vgl. Promedianews (2020), o. S.
[63] Vgl. Schäfer (2012), S. 21.
[64] Vgl. KNX-Grundlagenwissen (o. J.), S. 5.
[65] Vgl. ebd., S. 5.

Das KNX-System läuft über eine Vielzahl eingebauter Sensoren und Aktoren. Wie bereits erläutert, ist ein Sensor ein Gerät, welches ein Ereignis aufnimmt, beispielsweise eine Bewegung oder auch eine einfache Tastenbetätigung. Die Information, welche aufgenommen wurde, wird als Datenpaket an ein weiteres Gerät gesendet, den sogenannten Aktor. „Dieser wandelt den empfangenen Befehl in eine Aktion um (s. Abb. 2.5).[66]

Um diesen Prozess praxisnah zu verdeutlichen, sei an dieser Stelle ein einfaches Beispiel mit einem Lichtschalter erläutert. In dem Schalter sitzt ein Sensor, bei Betätigung wird die Information über den Bus an den Aktor gesendet, welcher beispielsweise im Stromkasten des Raumes sitzt. Erst dieser Aktor gibt den Befehl weiter, das Licht anzuschalten. Wichtig ist zu verstehen, dass nicht der Schalter selbst den Befehl an die Lampe sendet, sondern die Kausalkette Sensor, Bus, Aktor, Licht. Auch wenn dieses Beispiel banal erscheint: Sinn hinter dieser Abfolge ist, dass der Sensor nicht nur im Schalter sitzen kann, sondern auch in einem Bewegungsmelder oder über eine Schnittstelle mit dem Smartphone verbunden werden kann. Das System beginnt mit zwei Busteilnehmern und kann durch beliebig viele Geräte erweitert werden.[67]

Das grundlegende System hinter dem KNX-Bus ist bei allen Übertragungsverfahren gleich, die anderen Übertragungsverfahren Powerline und Frequency besitzen installations- sowie übertragungstechnische Unterschiede, für den Umfang und die Zielsetzung dieser Arbeit ist eine detailliertere technische Erläuterung nicht relevant.

Im Folgenden werden alle Anwendungsfelder der GA betrachtet, welche einen Einfluss auf die Energieeffizienz haben und damit einhergehend die Betriebskosten senken können. Zunächst werden die Grundlagen erläutert sowie die Relevanz der ausgewählten Anwendungsfelder für die Steigerung der Energieeffizienz des Gebäudes. In der späteren Analyse werden die Anwendungsfelder hinsichtlich ihrer Funktionsweise sowie ihres Einsatzes betrachtet und wie letztendlich dadurch Energiekosten eingespart werden können.

---

[66] Vgl. ebd., S. 5.
[67] Vgl. KNX-Grundlagenwissen (o. J.), S. 5.

Tab. 2.1 Energieeffizienzklassen von GA in Wohngebäuden. (Beucker (2021), S. 4)

Wohngebäude	GA-Energieeffizienzklassen			
	D	C	B	A
	Nicht effizient	Standard	Erhöht	Hohe Effizienz
Faktor	+10%	0	-12%	-19%

2.8 Anwendungsfelder von Gebäudeautomation

Im Folgenden werden die Grundlagen der ausgewählten Anwendungsfelder der GA präsentiert, welche einen Einfluss auf die Energieeffizienz haben und demnach die Nutzungskosten im Lebenszyklus eines Wohngebäudes senken können. Die zu betrachtenden Anwendungsfelder sind: Beleuchtungssteuerung, Klimatisierung, mit Hauptfokus auf das Heizen eines Wohnhauses, sowie die Verschattung.[68] Die Stromkreissteuerung und Einbindung von Geräten wird in dieser Arbeit nicht thematisiert, da dieses Anwendungsfeld aufgrund der unzähligen Teilbereiche zu komplex ist und sich die Einsparpotenziale beim Energieverbrauch nicht einheitlich klassifizieren lassen. Die Auswahl der drei Anwendungsfelder erfolgte aufgrund ihrer Relevanz bei der Reduktion der Energiekosten eines Wohngebäudes. Weitere Automationsmöglichkeiten in Kombination mit nachhaltigen Technologien, wie die Stromeinspeisung durch Photovoltaik in Kombination mit der Beheizung einer Luftwasserwärmepumpe, werden ebenfalls nicht aufgenommen, da dieses Thema hinsichtlich seiner Komplexität und seines Umfangs eine eigene Arbeit erfordern würde.

2.8.1 Beleuchtungssteuerung

Nach der Untersuchung „Zusammensetzung des Stromverbrauchs eines Haushaltes in Deutschland 2019" von Statista hat die Beleuchtung einen Anteil von 9 % am gesamten Stromverbrauch im Haushalt.[69] Dieses Anwendungsfeld gehört nicht zu den größten Energieverbrauchern eines Gebäudes, ist aber auch kein

---

[68] Vgl. Wisser (2018), S. 37.
[69] Vgl. Statista (2019), o. S.

	Klasse A/B	Klasse C	Klasse D
Klimatisierung	- Einzelraumregelung mit Kommunikation zwischen den Reglern und Erzeugern - Temperaturen für Vorlauf/Rücklauf sowie Erzeuger bedarfsgeführt (Präsenz, Last, Zeit) - Prioritätensetzung und Verriegelung zwischen Erzeugern	- Raumtemperaturregelung ohne Rückmeldung an den Erzeuger - Temperatur für Vorlauf und Rücklauf lediglich witterungsgeführt	- Keine raumindividuelle Temperaturregelung - Feste Temperaturen für Vorlauf und Rücklauf - Keine Verriegelung zwischen Wärme- und Kälteerzeuger
Beleuchtung u. Verschattung	- Automatische Ein- und Ausschaltfunktionen bei der Beleuchtung und Verschattung (u. a. basierend auf Tageslicht, Präsenz, Temperatur)	- Lediglich automatische Abschaltung bei der Beleuchtung - Verschattung ohne Berücksichtigung von Helligkeit/Temperatur	- Ausschließlich manuelle Bedienung bei der Beleuchtung - Ausschließlich manuelle Bedienung bei der Verschattung

Abb. 2.6 Anforderungen an die GA zur HOAI-Leistungsphase 1 „In Anlehnung an (Deutsches Architektenblatt [2022], o. S.)"

zu vernachlässigender Anteil. Auf Beleuchtung kann in einem Haushalt nicht verzichtet werden, beleuchtete Räume sind für das Wohnen sowie das Arbeiten in einem Gebäude essenziell. Durch ein intelligentes und effizientes Lichtmanagement ist es möglich, Einsparungen zu erzielen.[70]

Eine Beleuchtungssteuerung ermöglicht, alle Lichter eines Gebäudes automatisiert zu regeln. Sensoren, Aktoren und Steuerungsalgorithmen kommunizieren über den Feldbus des Gebäudes, beispielsweise das KNX-Bussystem, und ermöglichen die Anpassung der Beleuchtung an die Umgebungsbedingungen, spezifischen Anforderungen oder vordefinierten Einstellungen.[71]

Anwendung findet die automatisierte Beleuchtungssteuerung in Wohngebäuden, Büros, Sonderimmobilien wie Einkaufszentren oder auch bei Straßenbeleuchtungen. Funktionen und Bestandteile einer Beleuchtungssteuerung sind beispielsweise das Dimmen von Lichtquellen, vorrangig von LEDs, Sensoren zum Erfassen von verschiedenen Zuständen (Bewegungen, Helligkeit, Anwesenheit von Personen, Zeit), Anzeige- und Bediengeräte (Schalter, Taster, Zeitgeber, Touchscreens, Smartphone-Steuerung), Schnittstellen für die Übergabe von Steuersignalen zwischen unterschiedlichen Systemen (beispielsweise für die Smartphone-Steuerung) oder auch Controller für die Einstellung komplexer Steuerungsfunktionen wie Zeitfunktionen oder Lichtszenen). Einbinden lassen

---

[70]Vgl. Völkel (2015), S. 60–61.

[71]Vgl. Hager (o. J.), S. 16.

sich all diese Funktionen in das dezentrale Bussystem von KNX für eine über-
geordnete Gebäudesteuerung, das Bussystem bildet demnach die Grundlage.[72]

2.8.2   Klimatisierung

Im Wohnbereich entfallen circa 70 % des Energieverbrauchs auf das Heizen. Dies
geht aus einer Pressemitteilung des Statistischen Bundesamtes hervor.[73] Das Heizen ist eine der vier thermodynamischen Funktionen der Klimatisierung neben
Kühlen, Befeuchten und Entfeuchten und spielt hierbei die größte Rolle in deutschen Haushalten.[74] Die Automatisierung der Heizung ist bei der Gebäudeautomation eines Wohngebäudes das wichtigste Anwendungsfeld, da dieses die größten Einsparpotenziale bietet.[75]

Energieeinsparungen durch automatisierte Heizungsanlagen können entstehen, wenn die einzelnen Anlagenkomponenten vernetzt sind bzw. diese durch
Informationstechnik reguliert werden.[76] Hauptfunktion der automatisierten Heizung ist die Regelung und Überwachung der Raumtemperatur. Dabei wird zwischen Heizungssteuerung und Heizungsregelung unterschieden. Bei der klassischen Heizungssteuerung wird an einem Stellglied, beispielsweise dem Ven-
til, eine Einstellung vorgenommen, damit ein gewünschtes Ergebnis realisiert
wird. Dies erfolgt manuell, dahinter steckt noch keine weitere Automatisierung.
Erst die Heizungsregelung führt zur Automatisierung der Heizungsanlage und
damit der regulierten Temperierung des Gebäudes. Hier wird ein Sollwert in den
Heizungsregler, den Aktor, eingespeist, welcher dafür sorgt, dass die gewünschte
Temperatur umgesetzt wird. Ebenfalls überwacht ein Senor, ein Thermostat, welcher die Raumtemperatur erfasst, die festgelegte Temperatur und übermittelt dem
Aktor Signale, sollte es zu Abweichungen kommen.[77]

Folgende Automationen lassen sich durch die Heizungsregelung realisieren: Eine Sollwertabsenkung bei kurzzeitiger Abwesenheit (Standby), Sollwertabsenkung bei längerer Abwesenheit (Frostschutz), Sollwertabsenkung bei Nacht-

---

[72]Vgl. Baunetz Wissen – Bausteine für das Lichtmanagement (2023), o. S.

[73]Vgl. Statistisches Bundesamt (2022), o. S.

[74]Vgl. Baunetz Wissen – Bausteine für das Lichtmanagement (2023), o. S.

[75]Vgl. Völkel (2015), S. 30.

[76]Vgl. Mailach, et al. (2017), S. 2.

[77]Vgl. Fuchs (2020), o. S.

betrieb sowie Heizungspumpensteuerung und Kesselsteuerung, je nach Art der
eingebauten Heizung eines Gebäudes.[78]
   Je nach Heizungsart kann auf unterschiedliche Steuerungsmöglichkeiten
zurückgegriffen werden, unter anderem auf Heizkörperthermostate, welche
das Öffnen und Schließen des Ventils direkt am Heizkörper vollziehen, Raum-
thermostate, Stellantriebe, welche bei Fußbodenheizungen zum Einsatz kommen und die Menge des Warmwassers regulieren, die durch den Heizkreislauf
durchströmt, sowie die Kesselsteuerung für Systeme mit verkabelten Wand-
thermostaten.[79] In dieser Arbeit wird für die Untersuchung der Einsparpotenziale
nicht zwischen verschiedenen Heizungssystemen unterschieden. Es wird lediglich
zwischen Altbauten und Neubauten unterschieden, in welchen verschiedene Heiz-
arten zum Einsatz kommen. Die Analyse hinsichtlich der Einsparpotenziale an
Heizwärme bezieht alle Heizungsarten ein.

2.8.3 Verschattung

Der Einsatz von modernen Jalousien kann die Wärmedämmung der Gebäude-
hülle deutlich optimieren, unabhängig vom Zustand und der Modernität der Ge-
bäudefassade. Dies trifft vor allem auf Länder zu, welche mit kontinentalem
Klima konfrontiert sind, also mit besonders kalten Wintern und heißen Sommern.
Zum einen können Rollläden als temporärer Wärmeschutz im Winter dienen, wodurch sich der Bedarf des Heizens verringern lässt. Im Sommer wirken Rollläden
gegensätzlich, hier haben sie die Funktion, durch Verschattung den Kühlbedarf
des Gebäudes zu reduzieren.[80]
   Grundlage für die automatisierte Beschattung ist ein elektrischer Antrieb. Bei
konventionellen Rollladenkästen, welche nicht vom Beginn an mit solch einem
Antrieb ausgestattet sind, gibt es die Möglichkeit, Rohrmotore einzusetzen, welche direkt in den Rollladenkasten eingesetzt werden. Alternativ können auch
elektrische Gurtwickler in Betracht gezogen werden, hierbei wird ein Motor am
handbetriebenen Wickler des Fensterrahmens installiert.[81]

---

[78] Vgl. Aschendorf (2014), S. 28.

[79] Vgl. Grün (2022), S. 134.

[80] Vgl. Demel (2013), S. 1.

[81] Vgl. Grün (2022), S. 121.

Die Steuerung der Rollläden erfolgt wieder über das Zusammenspiel von Sensoren und Aktoren über ein dezentrales Bussystem wie KNX. Die Aktoren sind im besten Fall in die Motoren integriert und können dadurch Informationen über den Öffnungszustand an das System zurückmelden. Sensoren haben den Zweck, die Beschattung zu steuern. Hierbei existieren Sensoren für die Windmessung, die Temperatur oder auch die Helligkeit. Je nach Einstellung können diese auf bestimmte Umweltbedingungen und Veränderungen reagieren. So wird beispielsweise die Windgeschwindigkeit gemessen. Sollte diese einen bestimmten Soll-Wert überschreiten, senden die Sensoren ein Signal an den Aktor und die Jalousien fahren hoch.[82]

2.9   GA-Effizienzklassen

Nach der DIN-Norm EN 15.232 sind vier verschiedene GA-Energieeffizienzklassen festgelegt, welche die möglichen Energieeinsparungen durch eine Gebäudeautomation ermitteln.[83] Diese Klassen sind je nach Automatisierungsgrad definiert, jedoch wird erst ab Klasse B eine Energieeffizienz erreicht. Klasse A ist ein „hoch energieeffizientes GA-System und Technisches Gebäudemanagement (TGM)", Klasse B ist ein „erweitertes GA-System und einige spezielle TGM-Funktionen", die Klasse C beschreibt ein „Standard-GA-System" und die Klasse D ist ein GA-System, welches „nicht energieeffizient ist."[84] Je höher der Automatisierungsgrad des Gebäudes, desto höher ist der Grad der Energieeffizienz. Die GA-Klassen werden in Wohngebäude und Nicht-Wohngebäude unterteilt. Bei Nicht-Wohngebäuden, wie Wirtschaftsimmobilien, weichen die benötigten Funktionen und Effizienzklassen leicht von den Wohngebäuden ab.[85]

Die Tab. 2.1 veranschaulicht mögliche Einsparungen thermischer Energie bei den vier Effizienzklassen für Wohngebäude nach DIN EN 15.232-1.

Für die höchsten GA-Effizienzklassen, A und B, bedarf es beispielsweise einer zentralen Heizungssteuerung, welche mit bedarfsgeführten Einzelraumregelungen sowie Präsenzerkennungen kommuniziert. Auch die Beleuchtung sowie Verschattung des Gebäudes muss automatisierte Ein- und Ausschaltfunktionen besitzen,

---

[82]Vgl. Grün (2022), S. 121–123.

[83]Vgl. IGT – Institut für Gebäudetechnologie (2020), o. S.

[84]Vgl. Krödel (2022), o. S.

[85]Vgl. Beucker et al. (2021), S. 4.

welche über Sensoren und Aktoren, basierend auf Tageslicht, Präsenz, der Temperatur oder Ähnlichem, reguliert werden.[86]

Die Abb. 2.6 veranschaulicht alle wesentlichen Anforderungen an die GA in den Anwendungsfeldern Klimatisierung, Beleuchtung und Verschattung zum Erreichen der jeweiligen GA-Effizienzklasse.[87]

---

[86]Vgl. Krödel (2022), o. S.
[87]Vgl. ebd., o. S.

Methodik

3

Zielsetzung der vorliegenden Arbeit ist es zu untersuchen, wie Gebäudeautomationen den Energieverbrauch eines Wohngebäudes verringern können, um dementsprechend auch die Nutzungskosten zu senken. Als Grundlage für den theoretischen Teil der Arbeit und um die aufgestellten Forschungsfragen a) und b) beantworten zu können, wurde eine explorative Studie durchgeführt und eine Kombination aus quantitativen sowie qualitativen Ergebnissen ausgearbeitet. Explorative Studien sind literaturbasierte Ausarbeitungen, bei welchen sich zunächst ein Überblick über den Untersuchungsgegenstand verschafft wird, im Fokus steht hier das Sammeln von Informationen und Daten.[1] Die Datenerhebung erfolgte für die Arbeit ausschließlich über eine ausgiebige Literaturrecherche. Die Forschung wurde ausschließlich deduktiv durchgeführt, also mit bereits vorhandenen Forschungen zu dem gestellten Sachverhalt.[2]

Für die Informationsbeschaffung und Literaturrecherche wurden zum einen die digitalen Medienbestände der Hochschule Fresenius Heidelberg genutzt. Hier finden sich Zugänge zu verschiedenen Onlinebibliotheken und Portalen, wie beispielsweise die Onlinebibliothek von SpringerLink, welche ein breites Spektrum an wissenschaftlichen Zeitschriften, Büchern und Buchreihen bietet, oder das Statistikportal STATISTA. Ebenfalls wurde auf Bücher und Fachliteratur aus klassischen Bibliotheken zurückgegriffen. Bei der Suche nach passender Literatur zu Beantwortung der Forschungsfragen wurden bestimmte Stichwörter und Such-

---

[1] Vgl. Albert (2014), o. S.
[2] Vgl. Meinhold (2001), S. 15.

G. Saric und T. Glatte, *Gebäudeautomation in Wohn- und Wirtschaftsimmobilien,* Studien zum nachhaltigen Bauen und Wirtschaften, https://doi.org/10.1007/978-3-658-44232-3_3

begriffe ausgewählt, welche zur geeigneten Literatur führen sollten. Die wichtigsten Schlagwörter für die Recherche waren hierbei Begriffe wie: Smart-Home, GA, Wohnimmobilie, Wirtschaftsimmobilie, Facility Management, Energieeffizienz durch GA, Einsparungen durch GA und Ähnliches. Die gefundene Fachliteratur und wissenschaftlichen Artikel wurden nach der Relevanz und Aktualität ausgewertet. So wurde berücksichtigt, dass keine Literatur für die Ausarbeitung herangezogen wird, welche älter als 10 Jahre ist, da sich diese Technologien rasant weiterentwickeln und der aktuelle Stand der Forschung sonst nicht gegeben ist.

Die Art der Forschung bildet eine Kombination aus qualitativer und quantitativer Datenerhebung, welche ausschließlich deduktiv erfolgte. Zur Beantwortung der Forschungsfragen wird im analytischen Teil der Arbeit anhand geeigneter Fachliteratur erläutert, wie Technologien und Automationen eingesetzt werden, um eine erhöhte Energieeffizienz zu erzielen. Gleichzeitig wird anhand von Daten und Zahlen dargestellt, wie hoch die Einsparpotenziale gewisser Automationen sind. Dafür ist die quantitative Auswertung der Daten zuständig. Für die qualitative Auswertung wurden Daten aus einem breiten Spektrum von verschiedenen Studien gesucht. Die Studien stammen aus verschiedenen Universitäten, Hochschulen sowie Instituten, welche in Zusammenarbeit oder im Auftrag des Bundes oder der Länder arbeiten. So wird garantiert, dass die für die Arbeit verwendeten Daten weitestgehend unabhängig ausgearbeitet sind.

Zu Beantwortung der Forschungsfrage a) werden die drei ausgewählten Anwendungsfelder der GA bei dem Einsatz im Segment Wohnimmobilie betrachtet. Hier wird untersucht, in welchem Maß Einsparpotenziale bei dem Energieverbrauch im Wohnungsbereich ausfallen. Auch wird sich auf Werte bezogen, welche in der Fachliteratur und ausgewählten Studien genannt werden. Daraufhin wird beurteilt, in welchem Anwendungsfeld die Einsparungen am größten ausfallen. Mit den ermittelten Einsparpotenzialen dieses Anwendungsfelds wird abschließend eine Beispielrechnung durchgeführt, inwieweit sich die Nutzungskosten des Lebenszyklus bei Einsatz dieser GA im Zeitraum von 50 Jahren reduzieren lassen.

Im zweiten Teil der Analyse wird für die Beantwortung der Forschungsfrage b) untersucht, inwiefern sich der ökonomische Nutzen bei dem Einsatz von GA zwischen Wirtschafts- und Wohnimmobilien, im Hinblick auf die Energieeffizienz und die damit verbundene Reduktion der Nutzungskosten, unterscheidet. Für die Untersuchung wurden mehrere Studien ausgewählt, welche die möglichen Energieeinsparungen durch den Einsatz von GA in den Segmenten Wohn- und Wirtschaftsimmobilie untersucht haben. Abweichungen innerhalb des Studiendesigns ergeben sich vor allem durch unterschiedliche Referenzgebäude, welche für die Ermittlung der Einsparpotenziale genannt werden, sowie den Einsatz unterschiedlicher Technologien. Um die Analyse beider Segmente vergleichbar zu gestalten, wird sich auf die in den Grundlagen erläuterten Anwendungsfelder berufen sowie auf die GA-Effizienzklassen, da diese einen Richtwert für die Einsparpotenziale der eingesetzten Technologien geben. Dabei wird versucht, die prozentualen Einsparpotenziale der Energieverbräuche, welche die ausgewählten Studien ermittelt haben, zusammenzuführen. Für jedes Anwendungsfeld wird ein Mittelwert aus allen ermittelten Daten der Studien gebildet, jeweils für das Segment der Wohnimmobilie wie auch der Wirtschaftsimmobilie. Die Daten werden daraufhin miteinander verglichen und interpretiert. In der Diskussion dieser Arbeit wird abschließend versucht, eine Aussage dahingehend zu treffen, ob Unterschiede hinsichtlich der Energieeinsparungen zwischen den Segmenten auftreten und wieso diese existieren. Zur Auswertung der Daten wurde ein interpretativer Vergleich herangezogen, da sich die Ergebnisse der Studien nicht eins zu eins übertragen lassen.[3]

---

[3] Vgl. Hochschule Luzern (o. J), o. S.

Analyse

4

Im analytischen Teil dieser Arbeit werden die gestellten Forschungsfragen auf Basis einer ausgiebigen Literaturrecherche und Datenerhebung beantwortet. Für die Untersuchung wurde eine Kombination aus Fachliteratur, wissenschaftlichen Artikeln und Studien, welche diese Thematik bereits untersucht haben, ausgearbeitet. Internetquellen kamen nur dann zum Einsatz, wenn Informationslücken nicht mehr mit der ausgewählten Fachliteratur beantwortet werden konnten.

4.1 Optimierung des Energieverbrauchs durch Gebäudeautomation in Wohngebäuden

In den folgenden Abschnitten wird die erste Forschungsfrage dieser Arbeit beantwortet, welche wie folgt lautet:

a) Welche Smart-Home-Technologien bzw. Gebäudeautomationen können den Energieverbrauch eines Wohngebäudes am besten optimieren und damit die Energiekosten des Lebenszyklus am stärksten reduzieren?

Zur Beantwortung und Untersuchung der gestellten Frage wird sich auf die drei Anwendungsfelder aus den theoretischen Grundlagen bezogen, die Beleuchtungssteuerung, die Klimatisierung und die Beschattung.

4.1.1   Einsparpotenziale durch die automatisierte Beleuchtungssteuerung in Wohngebäuden

Eine Möglichkeit, Energieeinsparungen durch eine automatisierte Beleuchtungssteuerung vorzunehmen, ist die Schaffung konstanter Lichtverhältnisse in Abhängigkeit vom Tageslicht. Helligkeitssensoren messen die Tageslichtverhältnisse und geben diese Werte an den Aktor weiter. Dieser Aktor ist in diesem Fall zuständig, Steuergeräte und Dimm-Einsätze zu regulieren, um die Lichtverhältnisse dauerhaft anzupassen. Durch das stufenlose Dimmen in Echtzeit werden optimale Lichtverhältnisse geschaffen, welche dafür sorgen, dass nur so stark beleuchtet wird, wie auch Licht in einem Raum notwendig ist.[1] Eine weitere Option ist es, Sensoren einzusetzen, welche die Anwesenheit von Personen messen. Dies steigert nicht nur den Grad an Automation, es sorgt ebenfalls für eine Steigerung der Effizienz und einen verbesserten Energieverbrauch. Hierbei können Bewegungs- und Präsenzmelder eingesetzt werden. Dafür wird ein Erfassungsbereich registriert, in welchem Bewegungs- als auch Präsenzmelder die Wärme feststellen können, welche von den anwesenden Personen ausgeht. Bewegungsmelder nehmen nur grobe Bewegungen auf. Daher wird die Beleuchtung auch nur einmalig ausgelöst.[2] Diese eignen sich besonders für Außenbereiche bzw. alle Bereiche eines Haushaltes, welche nur kurzfristig genutzt werden.[3] Allerdings werden diese auch bei Tageslicht aktiviert, sofern sie nicht abgestellt sind. Für die Lichtanpassung an die Umgebungsbedingungen werden jedoch Präsenzmelder benötigt. Diese reagieren neben Bewegungen von Personen auch auf Lichtverhältnisse. Ein Präsenzmelder mit Konstantlichtregelung kann bei außereichendem Tageslicht erkennen, dass Bewegungen von Personen keinen Auslöser für den Sensor mehr darstellen. Auch verhindern Präsenzmelder das sofortige Ausschalten des Lichts, besonders wenn gerade keine Bewegung registriert wird.[4] Besonders in Bürogebäuden, Schulen oder Fabrikhallen werden solche aufwendigen Systeme eingesetzt, da die Energiekosten für die Beleuchtung hier deutlich höher ausfallen. Dagegen reicht im Wohngebäude auch meist eine einfachere Lösung, wie der ausschließliche Einsatz von Präsenzmeldern, aus.[5]

---

[1] Vgl. Völkel (2015), S. 60–66.

[2] Vgl. Völkel (2015), S. 62–63.

[3] Vgl. ebd., S. 67.

[4] Vgl. Grün (2022), S. 201–202.

[5] Vgl. ebd., S. 201–202.

Doch in welchem Maße fallen die Einsparpotenziale bei dem Energieverbrauch durch eine automatisierte Beleuchtungssteuerung aus? Wie bei allen Anwendungsfeldern sind die Einsparpotenziale durch Gebäudeautomationen abhängig von der Nutzung und Art des Bauwerks.[6] Bei Wohngebäuden fallen die Einsparpotenziale durch eine automatisierte Beleuchtungssteuerung am geringsten aus von allen Assetklassen, da hier der Bedarf an Licht vergleichsweise niedrig ist. Die Studie des Öko-Instituts e. V., welche die Einsparpotenziale durch intelligente Geräte untersucht hat, nimmt bei einem durchschnittlichen Verbrauch eines Wohngebäudes Einsparpotenziale um rund 10 % der Lampenbrenndauer an.[7] Nach einer Studie des Niedersächsischen Ministeriums für Umwelt, Energie und Klimaschutz bieten Bürogebäude die höchsten Einsparpotenziale. Durch eine automatisierte Beleuchtungssteuerung sind Einsparungen von bis zu 39 % zu erwarten. In anderen Assets, wie beispielsweise Restaurants oder Hotels, liegen die Einsparpotenziale zwischen 18 und 30 %. Diese unterschiedlichen Einsparungen entstehen aufgrund der unterschiedlichen Nutzungsprofile. Während ein Krankenhaus den gesamten Tag in Betrieb ist, wird ein Wohngebäude nur zu definierten Zeiten benutzt.[8] Nach dieser Studie werden im Systembereich Beleuchtung in den verschiedenen Assets Einsparpotenziale von 10 bis 75 % erreicht.[9]

4.1.2 Einsparpotenziale durch die automatisierte Klimatisierung in Wohngebäuden

Wie bereits in den theoretischen Grundlagen erläutert, ist die Klimatisierungssteuerung, vorrangig die Beheizung eines Gebäudes, das Anwendungsfeld, welches die größten Einsparpotenziale bietet, da das Heizen eines Gebäudes zum größten Kostenblock der Betriebskosten zählt.[10]

Einsparungen bei der Heizenergie werden durch Ist- und Soll-Temperaturen ermöglicht. Im System werden bestimmte Soll-Temperaturen für die einzelnen Räume eingestellt. Die Sensoren messen stetig die Temperaturen und werten

---

[6] Vgl. Niedersachsen Allianz für Nachhaltigkeit (2016), S. 2.

[7] Vgl. Quack et al. (2019), S. 28.

[8] Vgl. Niedersachsen Allianz für Nachhaltigkeit (2016), S. 2.

[9] Vgl. ebd., S. 3.

[10] Vgl. Völkel (2015), S. 30.

diese aus.[11] Sollte es zu einer Abweichung des Soll-Wertes kommen, senden die Sensoren über den Bus einen Befehl an die Aktoren, welche die Heizungsventile steuern und die Temperatur anpassen.[12] Somit bleibt die Temperatur konstant auf ihrem eingestellten Wert. Bei konventionellen Temperaturreglern ergibt sich die Schwierigkeit, das genaue Temperaturwerte kaum erreicht werden können. Auch bieten konventionelle Heizungen nicht die Möglichkeit, Wärme großflächig abzugeben. Daher müssen konventionelle Heizkörper auch stärker erwärmt werden. Eine Automation lohnt sich besonders in Kombination mit einer Fußbodenheizung, hier kann die Wärme konstant und gleichverteilt gehalten werden. Während die klassische Heizung Temperaturen bis zu 60 Grad benötigt, muss die Temperatur der Fußbodenheizung nur um wenige Grad höher als die eigentliche Raumtemperatur sein.[13]

Das Institut für Wohnen und Umwelt (IWU) gibt an, dass allein 6 bis 8 % der Heizkosten gespart werden können, wenn die Temperatur des Wohngebäudes um nur 1 Grad vermindert wird. Besonders effektiv ist es, vor allem nachts die Temperaturen auf 16 bis 18 Grad zu senken oder die Heizung ganz abzuschalten.[14]

Für diese Einstellungen kann ebenfalls ein erweiterter Grad der GA sorgen. Hier kann die Heizungsregelungen nicht nur nach Soll-Werten, sondern nach der Anwesenheit von Personen erfolgen.[15] Möglich wird dies durch Sensoren, welche entweder nach Zeitvorgaben handeln oder anwesende Personen im Raum erfassen, ähnlich wie bei der Beleuchtungssteuerung. Bei Abwesenheit der Personen kann die Temperatur herunterreguliert werden, nachts kann eine festgelegte Temperatur eingestellt werden oder auf Nachtbetrieb geschaltet werden. Ebenso kann bei längerer Abwesenheit, beispielsweise im Urlaub, eine Sollwertabsenkung erfolgen, die das Gebäude vor Frost schützt.[16] Dadurch kann maximal Heizenergie eingespart werden.

Doch wie groß fallen die Einsparungen bei der Heizenergie aus, wenn in einem Wohngebäude eine vollständig automatisierte Heizungsregelung installiert ist?

---

[11] Vgl. ebd., S. 43.

[12] Vgl. Schmid et al. (2016), S. 12.

[13] Vgl. Marks (o. J.), o. S.

[14] Vgl. IWU (2012), S. 6.

[15] Vgl. Schmid et al. (2016), S. 167.

[16] Vgl. Aschendorf (2014), S. 28.

Um diese Frage zu beantworten, wird eine Studie des Bundeswirtschafts-ministeriums herangezogen, welche den „Einfluss der Betriebsführung auf die Effizienz von Heizungsanlagen im Bestand" untersucht hat.[17] Ausgewählt wurde diese Studie aufgrund ihrer Aktualität (Durchführung 2018–2021) sowie ihres weitreichenden Umfangs. In dieser Studie wurden ca. 100 Mehrfamilienhäuser im Bestand analysiert, in welchen folgende Maßnahmen eingesetzt wurden: Erprobung von witterungsgeführten Vorlauftemperaturen, geregelter Zugang zur Anlage inklusive digitaler Überwachung und Betriebsführung dieser sowie Reduktion der Raumtemperaturen bei Abwesenheit der Bewohner. Die Studie kam zu dem Ergebnis, dass unter optimalen Bedingungen eine Reduzierung des Wärmeverbrauchs von bis zu 26 % möglich ist.[18] Es wurde nicht angegeben, welche GA-Effizienzklasse durch die eingesetzten Maßnahmen erreicht wurde, jedoch entspricht der Umfang dieser Maßnahmen mindestens der GA-Effizienz-klasse B oder höher. Ebenfalls ist nicht bekannt, aus welchem Baujahr die Häuser stammen.

Diese Ergebnisse decken sich mit einer Studie aus dem Bericht des Borderstep Instituts, in welcher 6 viergeschossige Mehrfamilienhäuser mit insgesamt 224 Wohnungen untersucht wurden, erbaut Anfang der 1960er Jahre, saniert in den 1990er Jahren mit einer mineralischen Außendämmung. In den Jahren 2014/2015 erfolgte eine Heizungsmodernisierung nach der GA-Effizienzklasse A. Verglichen mit ähnlich sanierten Wohngebäuden, welche über keine automatisierte Heizungsregelung verfügen, wurde auch hier eine Reduktion des Wärmebedarfs um 24 % festgestellt.[19]

Es ist anzumerken, dass ein direkter Vergleich zwischen den Studien kaum machbar ist, da diese sich in einigen Aspekten unterscheiden. Nicht deckungs-gleich sind zum einen die Immobilien selbst, es handelt sich zwar in beiden Fällen um Mehrfamilienhäuser, jedoch ist bei ersterer Studie das Baujahr der Gebäude nicht bekannt. Ebenfalls ist die Anzahl der Gebäude erheblich größer. Aufgrund der Heterogenität jeder Immobilie,[20] können Einsparpotenziale niemals direkt übertragen werden. Jedoch kann durch diese beiden Studien aufgezeigt werden, dass ein ähnlicher Trend zu erkennen ist. Die automatisierte Heizungs-

---

[17] Vgl. BaltBest (2021), o. S.

[18] Vgl. Beucker et al. (2022), S. 8.

[19] Vgl. Hinterholzer et al. (2021), S. 9–10.

[20] Vgl. Brauer (2013), S. 11.

regelung sorgt für nennenswerte Einsparpotenziale, wenn diese in einem umfang-
reichen Ausmaß angewandt wird.

Im Bereich Neubau fallen die Einsparpotenziale der Heizwärme etwas ge-
ringer aus. In der Studie von Mailach 2017 wurden ebenfalls Energieeinspar-
potenziale durch eine intelligente Heizungsregelung bei einem Neubau-Ein-
familienhaus untersucht. Die eingesetzten Maßnahmen fielen ähnlich aus und
entsprachen der GA-Effizienzklasse A. Insgesamt konnten 11,5 % Heizwärme
in Relation zu einem vergleichbaren Neubau, welcher keine automatisierte
Heizungsregelung besitzt, eingespart werden.[21]

Diese Einsparungen decken sich mit einer weiteren Studie aus den Untersuchungen des Borderstep Instituts. Hier konnten bei einem zweigeschossigen
Einfamilienhaus, welches 2014 erbaut wurde und ebenfalls einen Automatisierungsgrad in der GA-Effizienzklasse A aufwies, 15 % der Heizwärme,
gegenüber einem Gebäude mit vergleichbaren baulichen Eigenschaften ohne diesen Automatisierungsgrad, eingespart werden.[22]

4.1.3 Einsparpotenziale durch die automatisierte Beschattung in Wohngebäuden

Um den ökonomischen Nutzen der Verschattung vollständig ausschöpfen zu können, lohnt sich auch in diesem Anwendungsfeld eine Automatisierung. Diese
sorgt dafür, dass auch bei Abwesenheit des Anwohners ein optimaler Sonnenschutz oder gewollte Sonneneinstrahlung in jedem Raum des Wohngebäudes
vorhanden ist, abhängig von Sonnenstand und Wetter.[23] Hier bietet sich ebenfalls eine Zeitsteuerung sowie die sensorische Steuerung der Rollläden an. Die
Zeitsteuerung ermöglicht es, die Rollläden zu einer gewissen Uhrzeit, beispielsweise morgens oder abends, hoch- bzw. herunterzufahren.[24] Bei der komplexe-
ren Variante, der Automationsfunktion über eine Sensorik, lässt sich die Sonneneinstrahlung und Helligkeit messen, wie auch die Windgeschwindigkeit. Die
Sensoren gleichen voreingestellte Soll-Werte mit Ist-Werten ab. Überschreitet
der Ist-Wert das Soll ab einer festgelegten Grenze, kann die Verschattungsanlage

---

[21] Vgl. Quack et al. (2019), S. 28.

[22] Vgl. Hinterholzer et al. (2021), S. 17–18.

[23] Vgl. Völkel (2015), S. 84–87.

[24] Vgl. ebd., S. 84–87.

aktiviert werden. Ebenfalls können die Sensoren zu starken Wind oder eine Eisbildung registrieren, in solch einem Fall werden die Rollläden eingefahren, um Beschädigungen zu vermeiden. Verzögerungszeiten verhindern, dass bei kleineren Veränderungen der Witterung die Verschattungsanlage sofort aktiviert wird.[25] Ebenfalls können Sensoren zur Temperaturmessung eingesetzt werden. Da für andere vernetzte Lösungen, wie die automatisierte Heizungssteuerung, solche Sensoren oft im Haushalt bereits vorhanden sind, kann auch auf deren Daten zurückgegriffen werden. Hier kann die Temperatur eines Raumes als Anhaltspunkt dienen, die Rollläden beispielsweise im Winter zu öffnen, um die Sonne hereinzulassen.[26]

Doch wie fallen die Einsparungen beim Energieverbrauch aus, wenn in einem gesamten Haushalt ein vollständig automatisiertes Beschattungssystem installiert ist?

Die folgende Studie wurde ausgewählt, da ihre Ergebnisse genauen Berechnungen zugrunde liegen sowie die vielfältigen Einflüsse eines Gebäudes homogenisiert wurden, indem die Gebäudeeinflüsse durch eine Simulation nach DIN EN ISO 13790 auf Basis des Einraummodells gemäß DIN EN ISO 13791 durchgeführt wurden.

Die Untersuchungen des „Institut für Fenstertechnik e. V." (ift) Rosenheim mit dem Titel „Energie sparen mit temporärem Wärmeschutz (TWS)" haben ergeben, dass besonders ältere Fenster und Verglasungen deutlich von Rollläden und äußeren Abschlüssen profitieren. Zum einen verhindern diese wirksam eine Überhitzung während der Sommermonate, zum anderen wird insbesondere der U-Wert deutlich verbessert.[27] Der U-Wert, auch genannt Wärmedurchgangskoeffizient, bestimmt den Wärmeverlust eines Fensters, er beschreibt die Wärmeleitung des Materials bei unterschiedlichen Materialien in beide Richtungen.[28] Die Untersuchung fand unter Berücksichtigung von klimarelevanten Einflüssen statt und konnte Einsparungen recht genau ermitteln. Die Ergebnisse der Studie zeigen, dass mit einem temporären Wärmeschutz je nach Klima bis zu 140 kWh/a (Kilowattstunde) pro Quadratmeter Fensterfläche eingespart werden können, wenn es sich hierbei um alte Fenster mit Einfachverglasung handelt. Bei einem Wohnhaus mit rund 30 m^2 Fensterfläche bedeutet dies Einsparungen von

---

[25] Vgl. ebd., S. 88–91.

[26] Vgl. Grün (2022), S. 124.

[27] Vgl. Demel et al. (2013), S. 8.

[28] Vgl. Deutsche Fensterbau (o. J.), o. S.

ca. 4200 kWh pro Jahr.[29] Bei durchschnittlich 17 644 kWh Energieverbrauch pro Haushalt in Deutschland jährlich bedeutet dies, dass fast ein Viertel des Energieverbrauchs pro Jahr eingespart werden kann.[30] Bei neueren Fenster nimmt das Einsparpotenzial durch einen temporären Wärmeschutz ab, bei älteren Fenstern mit Zweifach-Isolierglas ohne Beschichtung können immer noch 60 kWh/a pro Quadratmeter Fensterfläche bzw. 1800 kWh jährlich eingespart werden. Bei neueren zweifach isolierten Fenstern nimmt das Einsparpotenzial schon deutlich ab, ganz moderne Fenster mit Dreifach-Isolierglas (Passivhaus) bieten schon fast gar keine Einsparpotenziale mehr, da diese aufgrund ihrer guten Isolierung bereits einen ausgezeichneten Wärmeschutz besitzen.[31]

Diese Untersuchungen veranschaulichen deutlich, dass sich eine automatisierte Beschattung, vor allem in den Wintermonaten, insbesondere bei Bestandsgebäuden und Altbauten lohnt. Dies kann eine Alternative sein, wenn sich andere GA, wie beispielsweise eine automatisierte Heizungsregelung, nicht ermöglichen lassen und trotzdem Energie eingespart werden soll. Bei Neubauten dagegen fallen die Einsparpotenziale sehr gering aus, hier lohnt sich eine automatisierte Beschattung allenfalls für heiße Tage zur Vermeidung des Einsatzes einer Klimaanlage sowie aus Komfortgründen.

4.1.4 Beeinflussbarkeit der Lebenszykluskosten eines Wohngebäudes bei dem Einsatz von Gebäudeautomationen

Die Analyse verschiedener Studien konnte aufzeigen, dass durch den Einsatz von Gebäudeautomationstechnologien in einem Wohngebäude deutliche Einsparungen zu verzeichnen sind. Nach den Untersuchungen in den drei Anwendungsfeldern Beleuchtung, Klimatisierung und Beschattung konnte festgestellt werden, dass im Anwendungsfeld der Klimatisierung, mit Hauptfokus auf die automatisierte Heizungsregelung, die meisten Einsparungen zu verzeichnen sind. Hier können durchschnittlich 19,1 % Energie eingespart werden. Der Mittelwert wurde aus den Ergebnissen der präsentierten Studien dieses Anwendungsfeldes gebildet.

---

[29] Vgl. Demel et al. (2013), S. 8.

[30] Vgl. Statistisches Bundesamt (2020), o. S.

[31] Vgl. Demel et al. (2013), S. 7.

Daher wird auch mit diesem Ergebnis ein Fallbeispiel entwickelt, welches die Reduktion der Energiekosten im Lebenszyklus durch den Einsatz einer automatisierten Heizungsregelung veranschaulicht. Als Grundlage wird der Betrachtungszeitraum der LCC verwendet, welcher auf 50 Jahre angesetzt ist. Es wird angenommen, dass ein Wohnhaus mit durchschnittlich 150 m2 Wohnfläche um die 17.000 kWh Energie jährlich verbraucht.[32] Dieser Verbrauch bezieht sich auf die gesamte Energie, welche verbraucht wird, also Strom, Öl und Gas, umgerechnet in kWh. Dieser Verbrauch von 17.000 kWh macht jährlich ca. 5000 € an Energiekosten aus, hochgerechnet auf 50 Jahre sind dies ca. 250.000 €. Aus der Heizenergie stammen 70 % des Energieverbrauchs[33], also entstehen umgerechnet ca. 175.000 € Kosten für das Heizen. Können nun durch den Einsatz einer automatisierten Heizungsregelung 19 % der Heizenergie eingespart werden, reduzieren sich die Heizenergiekosten für 50 Jahre auf ca. 141.750 €, eingespart werden ca. 33.250 €, also 665 € jährlich.

Diese Rechnung ist nur beispielhaft und geht aus einer Kombination von statistischen Durchschnittswerten hervor. Jedoch kann durch diese Rechnung die Annahme getroffen werden, dass bei dem Einsatz einer automatisierten Heizungsregelung deutliche Einsparungen zu verzeichnen sind, gerade wenn die Kosten über einen langen Zeitraum betrachtet werden. Bei dem Einsatz aller Anwendungsfelder im Kombination kann die Energiekostenreduktion noch höher ausfallen.

4.2   Optimierung des Energieverbrauches durch Gebäudeautomationen in Wirtschaftsimmobilien

In den folgenden Abschnitten wird die zweite Forschungsfrage dieser Arbeit beantwortet:

b) Inwiefern unterscheidet sich der ökonomische Nutzen bei dem Einsatz von Gebäudeautomationen zwischen Wirtschafts- und Wohnimmobilien im Hinblick auf die Reduktion der Energiekosten?

Wie in den vorherigen Abschnitten wird sich auch hier auf die drei Anwendungsfelder der Beleuchtungssteuerung, Klimatisierung und Beschattung bezogen.

---

[32] Vgl. Statistisches Bundesamt (2020–2021), o. S.
[33] Vgl. ebd., o. S.

Für den Vergleich zwischen den Segmenten werden zunächst weitere Studien vorgestellt, welche die Einsparpotenziale durch den Einsatz von GA bei verschiedenen Wirtschaftsimmobilien untersucht haben. In Abschn. 4.3 werden die gefundenen Daten mit den Einsparpotenzialen aus den bereits präsentierten Studien verglichen, welche den Einsatz von GA bei Wohnimmobilien untersucht haben. Die Unterschiede hinsichtlich der Energiereduktion und Kostenersparnis, welche zwischen den beiden Segmenten möglicherweise zu verzeichnen sind, werden dann in Kap. 5 zu interpretieren versucht.

Hierbei ist zu beachten, dass, wie in den Grundlagen bereits erläutert, der Begriff Wirtschaftsimmobilie eine Vielzahl an verschiedenen Segmenten einbezieht, wie Handelsimmobilien, Büroimmobilien, Industrie-, Produktions- und Logistikimmobilien oder auch Bildungseinrichtungen.[34] Diese Teilsegmente unterscheiden sich auch besonders aufgrund ihrer Heterogenität und spezifischen Nutzungsanforderungen, daher lassen sich auch Einsparpotenziale zwischen den einzelnen Objekten nicht direkt übertragen. Es werden Wirtschaftsimmobilien unterschiedlicher Teilsegmente betrachtet.

4.2.1 Einsparpotenziale durch die automatisierte Beleuchtungssteuerung in Wirtschaftsimmobilien

Im Folgenden werden Einsparpotenziale bei dem Einsatz einer automatisierten Beleuchtungssteuerung in verschiedenen Wirtschaftsimmobilien untersucht. Die Funktionsweise und der Einsatz wurden bereits in den vorherigen Kapiteln am Beispiel der Wohnimmobilie erläutert und lassen sich auch auf die Wirtschaftsimmobilie übertragen. Sollte es Abweichungen aufgrund spezifischer Anforderungen geben, so werden diese ebenfalls erläutert.

Die erste Studie, welche ausgewählt wurde, um Einsparpotenziale durch GA in einer Wirtschaftsimmobilie zu bemessen, ist eine Untersuchung der Hochschule Biberach sowie des Instituts für Gebäude- und Energiesysteme im Auftrag des Zentralverbandes Elektrotechnik- und Elektroindustrie e. V. Die Studie stammt aus dem Jahr 2011 und ist trotz ihres Alters eine der umfangreichsten Untersuchungen hinsichtlich der Einsparpotenziale an einem Wirtschaftsgebäude. Für die Untersuchungen wurden drei Seminarräume der Hochschule Biberach mit den unterschiedlichen GA-Effizienzklassen C, B und A, in den Anwendungs-

---

[34]Vgl. ZIA – 2. Ergebnisbericht (2019), S. 24.

Tab. 4.1 Zusammengesetzte Funktionen der Messungen in den Testräumen in Anlehnung an die GA-Effizienzklassen C, B und A für die Beleuchtungssteuerung. ((Becker et al. [2011], S. 6))

G0.02 GA-Effizienzklasse C	G1.03 GA-Effizienzklasse B	G0.03 GA-Effizienzklasse A
Beleuchtung manuell EIN/AUS, kein Dimmen	Beleuchtung manuell, EIN/AUS, automatisch AUS (Präsenz, Helligkeit),kein Dimmen	Beleuchtung manuell EIN/AUS, automatisch AUS (Präsenz, Helligkeit), Konstantlichtregelung, kein manuelles Dimmen

feldern Beleuchtung und Klimatisierung, ausgestattet. Dabei wurden die Verbräuche jedes einzelnen Raumes in zwei festgelegten Betrachtungszeiträumen untersucht. Die Räume selbst besaßen ähnliche Rahmenbedingungen und Ausstattungen, in allen Seminarräumen wurden Radiatoren für die Raumheizung sowie eine Beleuchtung mit zwei Lichtbändern und eine Tafelbeleuchtung installiert, Unterschiede gab es nur hinsichtlich der GA-Effizienzklasse.[35] In der Tab. 4.1 sind die Funktionen der eingesetzten Beleuchtungssteuerung nach den GA-Effizienzklassen C, B und A aufgeführt. Da Klasse D nicht mehr dem Stand der Technik entspricht, wurde diese Klasse nicht einbezogen.[36] Klasse C entspricht dem technischen Standard eines Gebäudes ohne Automationen.

Im Referenzraum (GA-Effizienzklasse C) wurde die Beleuchtung manuell ein- und ausgeschaltet, im Raum der GA-Effizienzklasse B wurde eine helligkeits- und präsenzabhängige Schaltung installiert und im Raum der GA-Effizienzklasse A zusätzlich eine Konstantlichtregelung realisiert.[37]

Die Auswertungen der gesammelten Daten des Betrachtungszeitraumes konnten erhebliche Einsparungen im Stromverbrauch feststellen. Der Raum mit Ausstattung der Klasse B konnte im Vergleich zum Referenzraum 8 % im ersten Betrachtungszeitraum und 10 % im zweiten Betrachtungszeitraum verzeichnen. Die Abweichung ist auf leicht unterschiedliche Absolutverbräuche zurückzuführen. Im Raum der Klasse A konnten noch erheblichere Einsparungen ermittelt werden. Im ersten Betrachtungszeitraum wurden 20 % Stromenergie im Vergleich zum Referenzgebäude eingespart, im zweiten waren es 35 % Stromeinsparungen. Diese deutliche Verbesserung ist auf die Optimierung der Konstantlichtregelung im zweiten Betrachtungszeitraum zurückzuführen. Dies verdeutlicht, wie wich-

---

[35] Vgl. Becker et. al. (2011), S. 4.

[36] Vgl. ebd., S. 6.

[37] Vgl. ebd., S. 7.

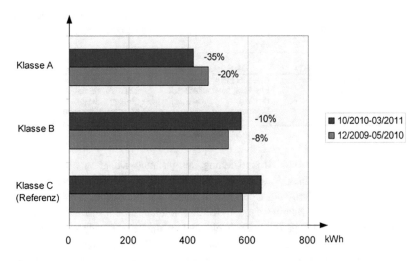

Abb. 4.1 Elektrischer Energieverbrauch inkl. prozentuale Einsparungen der Klasse A und B gegenüber Klasse C (Beleuchtung) (Becker et al. (2011), S. 7)

tig regelmäßige Optimierungen und Anpassungen der Gebäudeautomationen im Betrieb sind.[38] Die Statistik in Abb. 4.1 visualisiert die Ergebnisse der Untersuchung:

Diese Ergebnisse decken sich mit den Untersuchungen des Borderstep Instituts. In der Hochschule Bremen wurden von 2002 bis 2005 detaillierte Energieverbrauchswerte erfasst. Hierfür wurden ebenfalls zwei vergleichbare Unterrichtsräume gewählt: ein Raum mit Standardinstallation zur Schaltung der Lichttechnik ohne Automation sowie ein Raum, in welchem eine automatisierte KNX-Steuerung installiert wurde. Dies entsprach der GA-Energieeffizienzklasse A. Installiert wurden für die automatisierte Beleuchtungssteuerung Helligkeitssensoren, welche die entsprechende Tageslichtsituation regulierten. Im Vergleich zum Referenzraum konnten mit der KNX-gesteuerten tageslichtabhängigen Regelung der Beleuchtung 20 % der elektrischen Energie eingespart werden.[39]

---

[38] Vgl. ebd., S. 7.

[39] Vgl. Hinterholzer et al. (2021), S. 27–28.

Diese beiden Untersuchungen konnten deutlich aufzeigen, dass eine automatisierte Beleuchtungssteuerung in Wirtschaftsimmobilien, insbesondere in dem Segment der Bildungseinrichtungen, lohnend ist. Wie bereits erläutert, können die Untersuchungsergebnisse nicht eins zu eins auf andere Immobilien aufgrund ihrer Heterogenität übertragen werden, jedoch lassen die Ergebnisse die Annahme zu, dass auch andere Wirtschaftsimmobilien von einer automatisierten Beleuchtungssteuerung ähnliche Einsparungen erwarten können. Dies hängt vor allem vom Nutzungsprofil des jeweiligen Gebäudes ab. Während Bildungseinrichtungen nur zu definierten Zeiten genutzt werden, kann erwartet werden, dass im Segment der Gesundheitsimmobilien, beispielsweise bei Krankenhäusern, noch größere Einsparpotenziale durch eine automatisierte Beleuchtungssteuerung zu verzeichnen sind, da diese ganztägig beleuchtet werden und daher einen größeren Energieverbrauch durch die Beleuchtung erzeugen.[40] Eine ähnliche Annahme ist bei Produktions- oder Logistikimmobilien zu treffen.

4.2.2   Einsparpotenziale durch die automatisierte Klimatisierung in Wirtschaftsimmobilien

Das nächste Anwendungsfeld, welches hinsichtlich der Einsparpotenziale betrachtet wird, ist die automatisierte Klimatisierung in Wirtschaftsimmobilien mit Hauptfokus auf die automatisierte Heizungsregelung. Um die Untersuchung vergleichbar zu gestalten, werden erneut die beiden ausgewählten Studien aus dem Anwendungsfeld der Beleuchtungssteuerung aufgegriffen.

In der Untersuchung der Hochschule Biberach erfolgte auch für die Messung des Heizenergieverbrauches eine Aufteilung der gleichen Räume in die drei GA-Effizienzklassen C, B und A. In dem Raum mit der GA-Effizienzklasse C erfolgte eine klassische Regelung über Thermostatventile. Raum B wurde um eine Einzelraumregelung ergänzt. In dem Raum mit der höchsten GA-Effizienzklasse A wurde eine zusätzliche Präsenzerfassung installiert, die den Sollwert des Raumes bei Nicht-Belegung absenkt.[41] Abb. 4.2 zeigt eine Übersicht der zusammengesetzten Funktionen aus allen GA-Effizienzklassen:

Den beiden Betrachtungszeiträumen wurde der Monat März entnommen, da die Heizauslastung in den Jahren 2010 und 2011 dieses Monats sehr ähnlich war.

[40] Vgl. Niedersachsen Allianz für Nachhaltigkeit (2016), S. 3.
[41] Vgl. Becker et al. (2011), S. 9.

G0.02 GA-Effizienzklasse C	G1.03 GA-Effizienzklasse B	G0.03 GA-Effizienzklasse A
Temperaturregelung über Thermostatventile	Einzelraumregelung mit drei Temperaturniveaus 10 °C Fenster 16 °C Nachtabsenkung 21 °C Normalbetrieb	Einzelraumregelung mit drei Temperaturniveaus 14 °C Fenster 19 °C Nachtabsenkung 21 °C Normalbetrieb

Abb. 4.2 Zusammengesetzte Funktionen der Messungen in den Testräumen in Anlehnung an die GA-Effizienzklassen C, B und A für die Heizungsregelung (Becker et al. (2011), S. 6)

Die Studie konnte deutliche Einsparungen vom Referenzraum zu den Räumen mit Einzelraumregelungen verzeichnen. Bei dem Raum der GA-Effizienzklasse B konnten im März 2010 43 % der Heizenergie eingespart werden. Im März 2011 erfolgte eine deutliche Verbesserung, in diesem Zeitraum wurden 61 % der Heizenergie eingespart. Die Verbesserung ist auf den Austausch eines fehlerhaften Ventils zurückzuführen. In Bezug auf den Raum der GA-Effizienzklasse A konnten noch höhere Einsparungen erzielt werden. Im März 2010 lag die Einsparung bei 61 % der Heizenergie zum Referenzraum, im Folgejahr sogar bei 71 %.[42] Es ist anzumerken, dass kleine Abweichungen immer auftreten können, da der Heizbedarf je nach Wetterbedingungen unterschiedlich ausfällt. Somit werden auch Einsparpotenziale immer leicht unterschiedlich ausfallen. Die Statistik in Abb. 4.3 visualisiert die eingesparte Energie in den Räumen.

Auch in diesem Anwendungsfeld decken sich die Ergebnisse mit einer Studie aus dem Bericht des Borderstep Instituts. Bei der Studie der Hochschule Bremen wurde neben der Beleuchtungssteuerung auch der Energieverbrauch bei dem Einsatz einer automatisierten Heizungsregelung untersucht. Die Installationen für die Heizungsregelung erfolgten ebenfalls nach der GA-Effizienzklasse A und entsprechen den Installationen der Hochschule Biberach. Mit den angeführten Maßnahmen konnten circa 50 % der Heizenergie in dem mit KNX ausgestatteten Unterrichtsraum eingespart werden im Vergleich zum Referenzraum.[43]

Die beiden angeführten Studien zeigen deutlich, dass eine automatisierte Heizungsregelung in Wirtschaftsgebäuden deutliche Energieeinsparungen ermöglicht und die Betriebskosten langfristig senken kann.

---

[42] Vgl. ebd., S. 9.

[43] Vgl. Hinterholzer et al. (2021), S. 27–28.

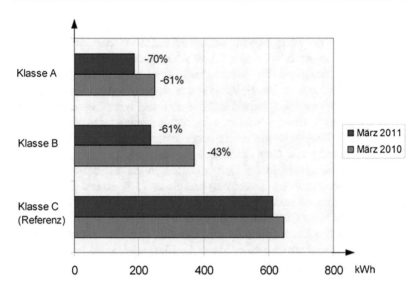

Abb. 4.3 Elektrischer Energieverbrauch inkl. prozentuale Einsparungen der Klassen A und B gegenüber Klasse C (Heizung) (Becker et al. (2011), S. 9)

4.2.3   Einsparpotenziale durch die automatisierte Beschattung in Wirtschaftsimmobilien

Auch im letzten Anwendungsfeld werden für die Bestimmung der Einsparpotenziale in Wirtschaftsimmobilien zwei Studien herangezogen, welche den Einsatz der automatisierten Beschattung hinsichtlich der Energieeinsparungen untersucht haben.

Die erste Studie namens „Energie sparen mit temporärem Wärmeschutz (TWS)" des ift Rosenheim wurde bereits in Abschn. 4.1.3 angeführt. Da sich die Untersuchungen auf die Einsparungen pro Quadratmeter Fensterfläche bezogen haben sowie die eingebaute Fensterart, lassen sich die Ergebnisse sowohl auf Wohn- wie auch auf Wirtschaftsimmobilien übertragen.[44]

Um dies an einem angewandten Beispiel in der Praxis zu verdeutlichen, wird eine weitere Studie des Illinois Institute of Technology beleuchtet, welche die

---

[44]Vgl. Demel et al. (2013), S. 8.

Wirkung von automatisierten Fensterläden in den Büroräumen des Willis Tower in Chicago auf die Energiekosten untersucht hat. Die Temperaturregulierung von Gebäuden macht in der Regel 30–40 % des Energieverbrauchs in Klimazonen wie in Chicago aus. Die Untersuchungen wurden in einem Zeitraum von 10 Monaten durchgeführt. Das Gebäude besitzt einfach verglaste Fenster und hat ein hohes Fenster-zu-Wand-Verhältnis. Es wurden drei verschiedene Steuerungsstrategien getestet: eine vollständig manuelle Steuerung, eine Steuerung mit vordefiniertem Zeitplan sowie ein sensorgestütztes System, das Faktoren wie die Raumbelegung und Umweltbedingungen einbezog. Insgesamt konnte der Energieverbrauch sowohl in der Heiz- als auch in der Kühlsaison durch den Einsatz der automatisierten Beschattung um bis zu 25 % gesenkt werden.[45] Inwieweit die Einsparungen zwischen den unterschiedlichen Steuerungsstrategien abwichen, wird in der Quelle nicht angegeben.

Auch das letzte Anwendungsfeld zeigt deutlich, dass eine automatisierte Beschattung in Wirtschaftsimmobilien deutliche Einsparpotenziale im Energieverbrauch des Gebäudes ermöglicht.

4.3 Vergleich der Einsparpotenziale zwischen Wirtschafts- und Wohnimmobilien in den Anwendungsfeldern

In den folgenden Abschnitten werden die unterschiedlichen energetischen Einsparpotenziale der beiden Segmente Wirtschafts- und Wohnimmobilie anhand der zuvor ausgearbeiteten Studien in den Anwendungsfeldern der automatisierten Beleuchtungssteuerung, der automatisierten Klimatisierung und der automatisierten Beschattung verglichen. Die möglichen Abweichungen zwischen den Segmenten werden im späteren Ergebnis- und Diskussionsteil dieser Arbeit interpretiert.

4.3.1 Automatisierte Beleuchtungssteuerung

Zuvor ist anzumerken, dass die Datenlage für die energetischen Einsparpotenziale bei dem Anwendungsfeld automatische Beleuchtungssteuerung in der Assetklasse

---

[45]Vgl. Morrow, Simon (2023), o. S.

Wohnen sehr beschränkt ausfiel. Häufig werden Einsparpotenziale in Untersuchungen mit den Ergebnissen anderer Anwendungsfelder kombiniert, eine genaue Untersuchung, welche sich ausschließlich mit den Einsparungen bei Anwendung einer automatisierten Beleuchtung im Wohnhaus beschäftigt, konnte nicht gefunden werden. Die einzige isolierte Kennzahl konnte der Studie des Öko-Instituts entnommen werden.

Die Studie des Öko-Instituts ermittelt bei dem Einsatz einer automatisierten Beleuchtungssteuerung in einem Wohngebäude 10 % geringere Stromkosten im Vergleich zu einem durchschnittlichen Referenzwohngebäude. Das Referenzgebäude wurde aus Durchschnittswerten des Statistischen Bundesamtes oder anderer Portale, welche Durchschnittswerte für den Energieverbrauch eines Haushaltes angeben, zusammengesetzt.[46] Es wurde nicht angegeben, welcher GA-Effizienzklasse die Automatisierung entspricht.

Für das Segment der Wirtschaftsimmobilie konnten anhand der Datenlage genauere Werte gewonnen werden. Den Untersuchungen der Hochschule Biberach konnten für das Untersegment Bildungseinrichtung folgende Werte entnommen werden. Im Vergleich zu dem Referenzraum mit manueller Beleuchtung (GA-Effizienzklasse C) wurden bei dem Raum, welcher einem Automatisierungsgrad der Klasse B entsprach, Einsparungen bei der elektrischen Energie von 8 bis 10 % festgestellt. Bei dem Raum, welcher einem Automatisierungsgrad der Klasse A entsprach, konnten sogar Einsparungen von 20 bis 35 % festgestellt werden.[47] Somit kann der Schluss gezogen werden, dass die energetischen Einsparpotenziale bei dem Segment der Wirtschaftsimmobilie, im Vergleich zu dem der Wohnimmobilie, bis zu **25 %** höher ausfallen können.

Eine Auswertung und Interpretation der Ergebnisse folgt in Kap. 5.

4.3.2 Automatisierte Klimatisierung

Es folgt der zweite Vergleich zwischen den Assets Wohn- und Wirtschaftsimmobilie hinsichtlich der energetischen Einsparpotenziale bei dem Einsatz einer automatisierten Klimatisierung mit dem Hauptfokus der Heizungsregelung. Der Vergleich erfolgt auf Grundlage der ausgearbeiteten Datenlage in beiden Asset-

---

[46]Vgl. Quack et al. (2019), S. 20.
[47]Vgl. Becker et al. (2011), S. 7.

klassen. Im Folgenden werden alle Ergebnisse aus den ausgewählten Studien zu-sammengefasst.

Im Bereich der Assetklasse Wohnimmobilien konnten anhand der untersuchten Studien folgende Einsparungen bei der Heizenergie festgestellt werden. Es folgen alle Kennzahlen, welche in Abschn. 4.1.2 ermittelt wurden.

Nach der Studie des BMWi „Einfluss der Betriebsführung", ergaben die Untersuchungen eine Reduzierung des Wärmeverbrauchs um bis zu 26 %, bei dem Einsatz einer automatisierten Heizungsregelung bei 100 Mehrfamilien-häusern (MFH). Das Baujahr wurde nicht genannt, es handelte sich jedoch höchstwahrscheinlich um Bestandshäuser.[48]

Die aus dem Bericht des Borderstep Instituts ausgewählten Studien konnten folgende Ergebnisse aufzeigen. Die erste Studie untersuchte 6 viergeschossige MFH mit 224 Wohnungen, welche Anfang der 1960er Jahre erbaut sowie in den 1990er Jahren saniert wurden. Die eingesetzte Heizungsregelung entsprach der GA-Effizienzklasse A. Bei dem Vergleich des Heizenergieverbrauches mit ähn-lich sanierten MFH, welche keine Heizungsregelung hatten, konnte eine Reduk-tion des Heizenergieverbrauchs um 24 % festgestellt werden.[49]

Bei Einfamilienhäusern, insbesondere Neubauten, fielen die Einsparungen ge-ringer aus. Die Studie von Mailach aus dem Jahr 2017 untersuchte die Energie-einsparpotenziale durch intelligente Heizungsregelungen bei einem Neubau-Ein-familienhaus (EFH). Die Maßnahmen entsprachen der GA-Effizienzklasse A. Nach den Untersuchungen wurden Einsparungen in Höhe von 11,5 % der ver-brauchten Heizwärme ermittelt, verglichen mit einem ähnlichen Neubau ohne eine automatisierte Heizungsregelung.[50]

Diese Werte ähneln sehr der Studie aus dem Bericht des Borderstep Instituts, hier wurde ein zweigeschossiges EFH untersucht, erbaut 2014, mit der GA-Effizienzklasse A. Hier wurden Einsparungen des Heizwärmeverbrauchs um 15 % festgestellt gegenüber einem Gebäude mit vergleichbaren baulichen Eigen-schaften.[51]

Um die ermittelten Einsparungen der Heizwärme im Bereich des Assets Woh-nen sinnvoll dem Segment Wirtschaftsimmobilie gegenüberzustellen, wird ein Mittelwert aus allen Daten gebildet. Eine Unterscheidung zwischen Ein- und

---

[48] Vgl. BaltBest (2021), o. S.
[49] Vgl. Hinterholzer et al. (2021), S. 9–10.
[50] Vgl. Quack et al. (2019), S. 28.
[51] Vgl. Hinterholzer et al. (2021), S. 17–18.

Mehrfamilienhäusern wird nicht vollzogen, alle prozentualen Einsparungen werden zu einem Durchschnittswert für den Bereich Wohnimmobilie zusammengefasst, damit ein sinnvoller Vergleich zur Wirtschaftsimmobilie erfolgen kann.

Die ausgewählten Studien und Untersuchungen ergeben eine durchschnittliche Einsparung des Heizwärmeverbrauchs durch den Einsatz einer automatisierten Heizungsregelung der GA-Effizienzklasse A im Segment Wohnimmobilie von **19,1 %**.

Im Segment der Wirtschaftsimmobilie konnten, durch die in Abschn. 4.2.2 untersuchten Studien, folgende Einsparungen bei dem Einsatz der automatisierten Heizungsregelung ermittelt werden.

Die Studie der Hochschule Biberach konstatierte folgende Werte bei der Untersuchung an ihrem Hochschulgebäude: Im Vergleich zum Referenzraum konnten 43 bis 52 %, also durchschnittlich 47,5 %, an Einsparungen im Heizenergieverbrauch bei dem Raum der GA-Effizienzklasse B ermittelt werden sowie 61 bis 70 %, also durchschnittlich 65,5 %, an Einsparungen bei dem Raum der GA-Effizienzklasse A.[52]

Die Studie an der Hochschule Bremen kam zu ähnlichen Ergebnissen. Der Unterrichtsraum, welcher mit einer KNX-gesteuerten Heizungsregelung ausgestattet wurde, verbrauchte 50 % weniger Heizenergie als der Referenzraum ohne automatisierte Heizungsregelung.[53]

Wird das arithmetische Mittel aus allen Daten gebildet, welcher der GA-Effizienzklasse A entsprechen, können im Segment der Wirtschaftsimmobilie durchschnittlich **57,75 %** an Heizenergie eingespart werden.

Im direkten Vergleich beider Mittelwerte kann festgestellt werden, dass im Segment der Wirtschaftsimmobilie durchschnittlich **38,65 %** mehr an Heizenergie, bei dem Einsatz einer automatisierten Heizungsregelung, eingespart werden können.

4.3.3 Automatisierte Beschattung

Auch im dritten und letzten Anwendungsfeld werden die Ergebnisse aus den zuvor untersuchten Studien, hinsichtlich der energetischen Einsparpotenziale bei

---

[52] Vgl. Becker et al. (2011), S. 9.

[53] Vgl. Hinterholzer et al. (2021), S. 27–28.

dem Einsatz der automatisierten Beschattung, zwischen den Segmenten Wohn-
und Wirtschaftsimmobilie verglichen.

Die Untersuchungen des ift Rosenheim haben ergeben, dass bei dem Einsatz
eines temporären Wärmeschutzes Einsparungen von 140 kWh/a pro m^{2}Fenster-
fläche zu erzielen sind, wenn es sich um ältere Fenster mit Einfachverglasung
handelt. Fenster mit Zweifachverglasung können Einsparungen von 60 kWh/a
pro m^2 Fensterfläche erzielen. Wie bereits erläutert, hängen die Einsparungen hier
von den eingebauten Fenstern, in Kombination der automatisierten Beschattung,
ab. Die Automation muss so erfolgen, dass die Rollläden zu den Zeitpunkten
eingesetzt werden, an denen diese maximalen Wärmeschutz bieten können bzw.
bewusst Wärme zur Aufheizung hineinlassen. Unterschiede zwischen den Assetklassen treten hinsichtlich des Anteils an eingebauter Fensterfläche auf. Wirtschaftsimmobilien wie Hochschulen oder Bürogebäude haben häufig einen höheren Anteil an Fensterfläche als eine Wohnimmobilie. Um dies zu verdeutlichen,
wird folgendes Rechenbeispiel gegeben, welches die unterschiedlichen Einsparpotenziale gegenüberstellt:

Für die Assetklasse Wohnimmobilie wird ein durchschnittliches EFH gewählt,
welches nach der Studie des ift Rosenheim 30 m^2 Fensterfläche besitzt.

Einfach verglastes Fenster: 30 m^2 * 140 kWh/a = 4200 kWh per anum Einsparungen

Zweifach verglastes Fenster: 30 m^2 * 60 kWh/a = 1.800 kWh per anum Einsparungen

Für eine Wirtschaftsimmobilie wie ein Bürogebäude könnte die Rechnung wie
folgt aussehen, wobei eine dreimal so große Fensterfläche angenommen wird
(eigene Annahme):

Einfach verglastes Fenster: 90 m^2 * 140 kWh/a = 12.600 kWh per anum Einsparungen

Zweifach verglastes Fenster: 90 m^2 * 60 kWh/a = 5.400 kWh per anum Einsparungen

Da die Einsparpotenziale in diesem Anwendungsfeld abhängig sind von der
Fensterfläche des jeweiligen Gebäudes, liegt es auf der Hand, dass eine dreimal
so große Fensterfläche auch das Dreifache an Energie, im Vergleich zum Wohngebäude, einsparen lässt. Dies hat jedoch nicht zu bedeuten, dass im gesamten
Verhältnis die Einsparpotenziale wirklich größer ausfallen, da ein größeres Gebäude ebenfalls höhere Energiekosten mit sich bringt. Dafür müsste der genaue
Energiebedarf beider Gebäude bekannt sein bzw. ähnlich wie in den vorherigen
Anwendungsfeldern, ein Vergleich mit einem ähnlichen Gebäude gegeben sein,
welches die gleiche Fläche an Fenstern besitzt und den gleichen Energiever-

brauch hat, jedoch keine automatisierte Beschattung. Da diese Untersuchung in den Studien nicht vorhanden ist, kann hierzu auch keine Aussage getätigt werden und eine Aussage über mögliche Einsparungen kann nur im theoretischen Rahmen erfolgen.

Zusammenfassung der Ergebnisse und Diskussion

Im vorletzten Kapitel dieser Arbeit werden die gewonnenen Ergebnisse aus dem vierten Kapitel, der Analyse, zusammengefasst sowie kritisch interpretiert. Da in dieser Arbeit ausschließlich literaturbasiert vorgegangen wurde, geben die Erkenntnisse den aktuellen Forschungsstand wieder. Ebenfalls wurden nur drei Anwendungsfelder der GA auf ihre Einsparpotenziale hin untersucht, weitere Faktoren wie Investitionskosten sowie der Energieverbrauch der Technologien selbst wurden außen vor gelassen, da dies den Rahmen dieser Arbeit überschritten hätte.

Bei dem Einsatz der Technologien im Segment der Wohnimmobilie konnte im Anwendungsfeld der Klimatisierung, mit Hauptfokus auf den Bereich der automatisierten Heizungsregelung, am meisten Energie eingespart werden. In den untersuchten Studien waren 26 % an Einsparungen bei der Heizenergie die größte Energiereduktion, durchschnittlich lagen die Einsparungen bei 19,1 %. Darauf folgt das Anwendungsfeld der Beschattungssteuerung. Vergleicht man die größtmöglichen Einsparungen, welche in der Studie mit 4200 kWh angegeben worden sind, mit dem durchschnittlichen Verbrauch eines EFH von 17.644 kWh, so liegen die Einsparungen bei maximal 23,8 % jährlich. Hier ist jedoch deutlich anzumerken, dass dieser Vergleich nur die theoretische Annahme von Einsparungen ermöglicht, da – im Unterschied zu den Untersuchungen innerhalb der automatisierten Heizungsregelung – kein direkter Vergleich zu einem Wohngebäude erfolgt ist, welches ähnliche Anforderungen aufweist und keine automatisierte Beschattung einsetzt. Hier müsste die Studienlage ausgeweitet werden, um die Einsparungen zwischen den Anwendungsfeldern vergleichbarer zu gestalten.

Auch muss bei der Betrachtung der prozentualen Einsparpotenziale beider Anwendungsfelder berücksichtigt werden, dass diese nur dann so großzügig ausfallen, wenn Automationstechnologien in älteren Gebäuden eingesetzt werden,

G. Saric und T. Glatte, *Gebäudeautomation in Wohn- und Wirtschaftsimmobilien,* Studien zum nachhaltigen Bauen und Wirtschaften, https://doi.org/10.1007/978-3-658-44232-3_5

da diese von Grund auf mehr Energie verbrauchen und eine schlechtere Energieeffizienz besitzen als Neubauten.[1] Dementsprechend können Energieverluste auch
durch solche Automatisierungen in größerem Umfang kompensiert werden. In
Neubauten fallen Einsparungen nach Untersuchungen der Studie von Mailach
sowie Berichten des Borderstep Instituts nur zwischen 11,5 und 15 % aus. Jedoch
lohnt sich auch hier der Einsatz, da Neubauimmobilien bereits von Grund auf
energetisch sehr effizient sind und man hiermit noch größere Einsparungen verzeichnen kann. Bestandsbauten können dagegen fehlende Energieeffizienz durch
Gebäudeautomationen kompensieren.

Um die Ergebnisse aus den Untersuchungen vergleichbarer zu gestalten,
müsste jede Studie an ähnlichen Objekten verschiedener Baujahre erfolgen. Dies
erschwert jedoch das Studiendesign, da jedes Segment von sich aus heterogen ist
und vergleichbare Objekte unterschiedlicher Baujahre schwer zu finden sind.[2]
Wichtig ist ebenfalls, dass die verschiedenen GA-Effizienzklassen unterschiedliche Einsparungen ermöglichen. In den meisten Untersuchungen wurde sich
auf die höchste GA-Effizienzklasse A bezogen oder Klasse B zum Vergleich angeführt. Mit Klasse C lassen sich keine Einsparungen mehr realisieren, da diese
keine Automationen bietet, welche Energiekosten senken können.[3]

Im Anwendungsfeld der automatisierten Beleuchtungssteuerung bei einer
Wohnimmobilie sind die Einsparungen am geringsten ausgefallen. Nach der Studie des Öko-Instituts können in diesem Anwendungsfeld maximale Einsparungen
von 10 % der Beleuchtungsenergie erreicht werden.[4] Davon war jedoch auszu-
gehen, da die Beleuchtung nur einen Anteil von durchschnittlich 9 % am gesamten Stromverbrauch eines Wohngebäudes hat.[5] Jedoch war die Datenlage in diesem Anwendungsfeld sehr beschränkt, weitere Untersuchungen wären notwendig,
um diese These zu untermauern. Auch ist an der Studie des Öko-Instituts zu kri-
tisieren, dass die GA-Effizienzklassen der eingesetzten Automationstechnologien
nicht genannt werden, was die Auswertung und Vergleichbarkeit der Ergebnisse
erschwerten. Hier liegen Forschungslücken vor, welche das Potenzial bieten, in
weiteren Studien aufgearbeitet zu werden.

---

[1] Vgl. Brendel, Eva (2021), o. S.

[2] Vgl. Rottke et al. (2017), S. 28.

[3] Vgl. Beucker et al. (2021), S. 6–7.

[4] Vgl. Quack et al. (2019), S. 28.

[5] Vgl. Statista (2019), o. S.

Ein interessanter Ansatz für eine weitergehende Forschung wäre die Untersuchung, inwieweit ein Bestandsgebäude durch den Einsatz mehrerer Gebäudeautomationen verschiedener Anwendungsfelder energetisch aufgewertet werden kann und ob solch ein Gebäude, hinsichtlich des Energieverbrauches, an ein Neubaugebäude ohne Gebäudeautomationen heranreichen kann. Auch die Einbindung von Photovoltaik und modernen Heizungstechnologien bei dem Einsatz von Gebäudeautomationen würde ein relevantes Forschungsthema darstellen sowie die jetzigen Untersuchungen ergänzen. Des Weiteren wäre eine Studie über die Entwicklung der LCC an einem Gebäude interessant, bei welcher alle drei Anwendungsfelder in einer Wohnimmobilie eingesetzt werden. Hierbei könnten dann auch die Investitionskosten sowie der Energieverbrauch der Technologien selbst einbezogen werden.

Im Segment der Wirtschaftsimmobilie fielen in allen Anwendungsfeldern der Gebäudeautomation die energetischen Einsparpotenziale höher aus. Besonders deutlich waren die erhöhten Einsparpotenziale im Anwendungsfeld der automatisierten Heizungsregelung, hier konnte anhand der untersuchten Studien 38,5 % mehr Heizenergie eingespart werden als bei Wohnimmobilien. Nun ergibt sich die Frage, wieso die Einsparpotenziale in diesem Segment höher ausgefallen sind.

Grundlegend kann gesagt werden, dass Wirtschaftsimmobilien, wie eine Hochschule oder ein Bürogebäude, allein aufgrund ihrer Größe einen erhöhten Heizenergiebedarf haben und daher auch mehr Potenzial hinsichtlich der Einsparungen bieten. Wirtschaftsimmobilien können jedoch, aufgrund der schweren Quantifizierung hinsichtlich des Energieverbrauches und der schwachen Datenlage, nur sehr eingeschränkt verglichen werden und Ergebnisse können niemals auf alle Assets dieses Segments übertragen werden.[6] Zum einen ist hierfür die deutlich stärkere Heterogenität innerhalb des Segments der Wirtschaftsimmobilie verantwortlich. Das Segment vereint eine Vielzahl einzelner Untersegmente[7], sodass die Ergebnisse, welche bei den Untersuchungen an dem Hochschulgebäude ermittelt wurden, bei einem anderen Asset, wie beispielsweise einer Logistikimmobilie oder einem Bürogebäude, komplett unterschiedlich ausfallen könnten. Aber auch bei Wohnimmobilien ist eine Heterogenität gegeben, denn diese unterscheiden sich ebenfalls aufgrund ihrer Größe, ihres Baujahres, ihrer energetischen

---

[6]Vgl. Henger et al. (2017), S. 7.
[7]Vgl. ZIA – 2. Ergebnisbericht (2019), S. 24.

Effizienz und vieler weiterer Faktoren, was die Ergebnisse verfälschen kann.[8] Die ermittelten Kennzahlen und Ergebnisse erlauben nur die Annahme, dass ein erhöhter Nutzen im Segment der Wirtschaftsimmobilie zu verzeichnen ist, jedoch keine abschließende Beurteilung. Verantwortlich dafür sind ebenfalls erhebliche Forschungslücken zur GA in diesen Segmenten, die Literatur lässt keine weitere Beurteilung zu.

Dies birgt jedoch Potenzial für weitergehende Forschungen. Beispielsweise könnten Untersuchungen zu Einsparpotenzialen durch Gebäudeautomationen in jedem Teilsegment der Wirtschaftsimmobilie erfolgen. Um eine aussagekräftige Datenlage zu erhalten, müsste eine Vielzahl an Immobilien untersucht werden. Hier könnten ebenfalls unterschiedliche Baujahre einbezogen werden. Um Studienergebnisse zu vergleichen, müsste dann, wenn möglich, eine Metaanalyse durchgeführt werden, in welcher verschiedene Annahmen untersucht und Ergebnisse einheitlich normiert werden.

---

[8] Vgl. Brauer (2017), S. 11.

Fazit und Ausblick

Die Untersuchungen dieser Arbeit konnten die gestellten Forschungsfragen auf Grundlage der aktuellen Datenlage und Literatur beantworten. Die ausgewertete Literatur und die Studien konnten aufzeigen, dass Smart-Home-Technologien bzw. Gebäudeautomationen in Wohngebäuden sowie Wirtschaftsimmobilien erhebliche energetische Einsparpotenziale verzeichnen können, wenn diese ganzheitlich eingesetzt werden. Die Untersuchung der möglichen Einsparungen bei den Energiekosten im Lebenszyklus hat ergeben, dass sich der Einsatz der Automationstechnologien in den Anwendungsfeldern der Beleuchtung, Beschattung und Klimatisierung lohnt. Bei dem Anwendungsfeld der Klimatisierung sind die höchsten Energieeinsparungen und damit die größten Kostenreduktionen zu verzeichnen.

Ebenfalls konnte ermittelt werden, dass die Einsparungen bei den untersuchten Wirtschaftsimmobilien höher als bei den ausgewählten Wohnimmobilien ausfallen, wenn Automationstechnologien in den genannten Anwendungsfeldern eingesetzt werden. Dies lässt sich jedoch nicht auf alle Wohn- und Wirtschaftsimmobilien übertragen, da die Energieeinsparungen aufgrund der heterogenen Eigenschaften beider Segmente bei anderen Gebäuden deutlich abweichen könnten. Die Ergebnisse erlauben die Annahme, dass Untersuchungen an anderen Objekten beider Assetklassen ähnlich ausfallen könnten. Dies eröffnet das Potenzial, weitere Studien an unterschiedlichen Objekten durchzuführen.

Alle Erkenntnisse dieser Arbeit sind auf Grundlage des aktuellen Forschungsstands ermittelt worden. Da viele Studien unvollständig sind oder nur theoretischer Natur, können Ergebnisse nicht immer direkt übertragen werden. Vielmehr können durch die gewonnenen Erkenntnisse Annahmen getroffen werden, welche die Forschungsfragen dieser Arbeit beantworten. Um diese Annahmen zu

G. Saric und T. Glatte, *Gebäudeautomation in Wohn- und Wirtschaftsimmobilien,* Studien zum nachhaltigen Bauen und Wirtschaften, https://doi.org/10.1007/978-3-658-44232-3_6

bestätigen, benötigt es in vielen Bereichen weitere Studien zum Thema der Gebäudeautomation in Wohn- und Wirtschaftsimmobilien. Im Diskussionsteil wurden bereits Vorschläge für Forschungen gegeben, welche Lücken dieser Arbeit schließen könnten, sowie Fragen aufgegriffen, welche sich aus den Forschungsergebnissen ergeben haben.

Das Thema könnte auch zukünftig relevant sein, da steigende Energiekosten sowie der Klimawandel prägende Themen unserer Zeit sind. Gebäudeautomationen in Immobilien könnten nicht nur hinsichtlich der ökonomischen Effekte, sondern auch für die Erreichung ökologischer Ziele untersucht werden. Beispielsweise könnte eine Studie die möglichen CO_2-Einsparungen bei dem Einsatz von Gebäudeautomationen in Wirtschafts- und Wohnimmobilien untersuchen.

Da Technologien einem ständigen Wandel unterliegen, werden Forschungen in diesem Bereich nie vollendet sein. Die ermittelten Daten dieser Arbeit könnten in einigen Jahren schon als veraltet gelten, daher sind Aktualisierungen der Datenlage und regelmäßige neue Untersuchungen von besonderer Relevanz. Es besteht weiterhin das Potenzial für neue wissenschaftliche Studien und Forschungen zu dem Themengebiet der GA und Smart-Home-Technologien.

Literatur

Albert, Ruth; Marx, Nicole (2014): Empirisches Arbeiten in Linguistik und Sprach-lehrforschung. Anleitung zu quantitativen Studien von der Planungsphase bis zum Forschungsbericht (2. überarbeitete Auflage). Tübingen: Narr.

Aschendorf, Bernd (2014): Energiemanagement durch Gebäudeautomation. Grundlagen, Technologien, Anwendungen. Wiesbaden: Springer Vieweg.

Becker, Martin; Knoll, Peter (2011): Kurzzusammenfassung der Studie „Energieeffizienz durch Gebäudeautomation mit Bezug zur DIN V 18599 und DIN EN 15232" Biber-ach: Hochschule Biberach, Institut für Gebäude- und Energiesysteme (IGE) Fachgebiet MSR-Technik und Gebäudeautomation. Studie.

Beucker, Severin; Hinterholzer, Simon (2021): Energieeinsparung durch Gebäudeauto-mation – Ausgewählte Fallbeispiele. Berlin: Borderstep Institut.

Beucker, Severin; Hinterholzer, Simon (2022): Einsparpotenziale aus der Optimierung von Heizungsanlagen in Wohngebäuden. Berlin: Bundesministerium für Wirtschaft und Klimaschutz (BMWK). Publikation.

Brauer, Kerry-U. (2018): Grundlagen der Immobilienwirtschaft. Recht – Steuern – Marke-ting – Finanzierung – Bestandsmanagement – Projektentwicklung. Wiesbaden: Springer Gabler.

Christmann, Björn; Glatte, Thomas (2022): Corporate Real Estate Management in der Transformation von Wirtschaft und Gesellschaft. In: Pfnür, Andreas; Eberhardt, Mar-tin; Herr, Thomas (2022): Transformation der Immobilienwirtschaft. Geschäftsmodelle, Strukturen, Prozesse und Produkte im Wandel. Wiesbaden: Springer Gabler.

Demel, Mauel; Benitz-Wildenburg, Jürgen (2013): Energieeinsparungen mit Rollläden als temporärer Wärmeschutz. Rosenheim: Institut für Fenstertechnik e. V. Publikation.

DIN – Deutsches Institut für Normung e. V.: DIN EN ISO 16484-2:2004-10, Systeme der Gebäudeautomation (GA) – Teil 2: Hardware (ISO 164842:2004); Deutsche Fassung EN ISO 164842:2004 35.240.99; 97.120 (2004–10) (35.240.99; 97.120) Berlin.

Ehrenheim, Frank (2017): Facility Management. In: Arnold, Daniel; Rottke, Nico B.; Win-ter, Ralph (2017): Wohnimmobilien. Lebenszyklus, Strategie, Transaktion. Wiesbaden: Springer Gabler.

© Der/die Herausgeber bzw. der/die Autor(en), exklusiv lizenziert an Springer Fachmedien Wiesbaden GmbH, ein Teil von Springer Nature 2024
G. Saric und T. Glatte, *Gebäudeautomation in Wohn- und Wirtschaftsimmobilien,* Studien zum nachhaltigen Bauen und Wirtschaften, https://doi.org/10.1007/978-3-658-44232-3

Glatte, Thomas (2019): Corporate Real Estate Management. Schnelleinstieg für Architekten und Bauingenieure. Wiesbaden: Springer Vieweg.

Graaskamp, James (1991): The Failure of Universities to teach the Real Estate Process as an Interdisciplinary Art Form, speech delivered at University of Connecticut on Oct. 17, 1977. In: Jarchow, S. (1991): Graaskamp in Real Estate, Washington 1991, S. 52.

Gromer, Christian (2012): Die Bewertung von nachhaltigen Immobilien. Ein kapitalmarkttheoretischer Ansatz basierend auf dem Realoptionsgedanken. Wiesbaden: Springer Gabler.

Grün, Frank-Oliver (2022): Handbuch Smart Home. Planung. Technik. Kosten. Sicherheit. Berlin: Stiftung Warentest.

Heidemann, Achim (2013): Nachhaltigkeit durch Gebäudeautomation. Auswirkungen von Gebäudeautomation auf die Nachhaltigkeit von Gebäuden im Lebenszyklus. Stockach: TGA-Verlag.

Henger, Ralph; Hude, Marcel; Seipelt, Björn; Toschka, Alexandra (2017): Büroimmobilien: Energetischer Zustand und Anreize zur Steigerung der Energieeffizienz. Berlin: Deutsche Energie-Agentur GmbH (dena). Studie.

Hessisches Ministerium für Umwelt, Energie, Landwirtschaft und Verbraucherschutz (2012): Energie sparen bei Heizung und Strom. Wissenswertes für Mieterinnen und Mieter. Wiesbaden: Hessisches Ministerium für Umwelt, Energie, Landwirtschaft und Verbraucherschutz.

Hoffmann, Gerhard (2014): Life Cycle Costs (LCC): Nachhaltigkeit als wirtschaftlicher Erfolgsfaktor. Köln: Immotions. Fachartikel.

Holtmannspötter, Dirk; Heimeshoff, Ulrich; Haucap, Justus; Loebert, Ina; Busch, Christoph; Hoffknecht, Andreas (2021): Soziale Marktwirtschaft in der digitalen Zukunft. Foresight-Bericht. Strategischer Vorausschauprozess des BMWi. Düsseldorf: VDI Technologiezentrum GmbH.

Kurzrock, Björn-Martin (2017): Lebenszyklus von Wohnimmobilien. In: Arnold, Daniel; Rottke, Nico B.; Winter, Ralph (2017): Wohnimmobilien. Lebenszyklus, Strategie, Transaktion. Wiesbaden: Springer Gabler.

Litau, Oksana (2015): Nachhaltiges Facility Management im Wohnungsbau. Lebenszyklus – Zertifizierungssysteme – Marktchancen. Wiesbaden: Springer Vieweg.

Mailach, Bettina; Oschatz, Bert (2017): Kurzstudie Energieeinsparungen Digitale Heizung. Endbericht: 12.01.2017. Köln: ITG Institut für Technische Gebäudeausrüstung Dresden. Studie.

Meinhold, Marie-Luise (2001): Die Wissensnutzung und ihre Hindernisse. Eine evolutorisches Konzept mit Fallstudie. Wiesbaden: DUV.

Niedersachsen Allianz für Nachhaltigkeit (2016): Energieverbrauch lässt sich steuern. Gebäudeautomation. Hannover: Niedersachsen Allianz für Nachhaltigkeit. Publikation.

Quack, Dietlinde; Liu, Ran; Gröger, Jens (2019): Smart Home – Energieverbrauch und Einsparpotenzial der intelligenten Geräte. Freiburg/Berlin: Öko-Institut e.V. Institut für angewandte Ökologie. Studie.

Rottke, Nico B.; Eibel, Julian; Krautz, Sebastian (2017): Wohnungswirtschaftliche Grundlagen der Immobilienwirtschaftslehre. In: Arnold, Daniel; Rottke, Nico B.; Winter, Ralph (2017): Wohnimmobilien. Lebenszyklus, Strategie, Transaktion. Wiesbaden: Springer Gabler.

Schäfer, Daniel G. (2012): Grundlagen, Technologien und Normenüberblick für die Gebäudeautomation. Ergänzungen zum Vorlesungsskript „Gebäudeautomation" von Prof. Dr. Michael Krödel. Rosenheim: Hochschule Rosenheim.

Schmid, Christoph; Baumgartner, Thomas; Nipkow, Jürgen; Vogt, Christian; Willers, Jobst (2016): Heizung, Lüftung, Elektrizität. Energietechnik im Gebäude. Zürich: vdf Hochschulverlag.

Völkel, Frank; Lorbach, Ingrid (2015): Smart Home. Bausteine für Ihr intelligentes Zuhause. Freiburg, München: Haufe Lexware.

Von Ditfurth, Jörg; Linzmaier, Tobias (2022): Die immobilienwirtschaftliche Transformation der Flächennutzung im internationalen Vergleich. In: Pfnür, Andreas; Eberhardt, Martin; Herr, Thomas (2022): Transformation der Immobilienwirtschaft. Geschäftsmodelle, Strukturen, Prozesse und Produkte im Wandel. Wiesbaden: Springer Gabler.

Wagner, Benjamin; Pfnür, Andreas (2022): Empirische Situation der immobilienwirtschaftlichen Transformationen in Deutschland. In: Pfnür, Andreas; Eberhardt, Martin; Herr, Thomas (2022): Transformation der Immobilienwirtschaft. Geschäftsmodelle, Strukturen, Prozesse und Produkte im Wandel. Wiesbaden: Springer Gabler.

Wisser, Karolin (2018): Gebäudeautomationen in Wohngebäuden (Smart Home). Eine Analyse der Akzeptanz. Wiesbaden: Springer Vieweg.

Wosnitza, Franz; Hilgers, Hans Gerd (2012): Energieeffizienz und Energiemanagement. Ein Überblick heutiger Möglichkeiten und Notwendigkeiten. Wiesbaden: Springer Spektrum.

Zentraler Immobilien Ausschuss e.V. (2019): Strukturierung des sachlichen Teilmarktes wirtschaftlich genutzter Immobilien für die Zwecke der Marktbeobachtung und Wertermittlung. 2. Ergebnisbericht (2019). Berlin: Zentraler Immobilien Ausschuss e.V.

Internetquellen

Allianz für einen klimaneutralen Wohngebäudebestand (2021): BaltBest. In https://www.energieeffizient-wohnen.de/baltbest. Abgerufen am 30.06.2023

Almondia – Bautipps. Die Bauherrenberatung. (o. J.): Fußbodenheizung versus Heizkörper. In https://bautipps.almondia.com/bauplanung/fussbodenheizung-versus-heizkoerper/#:~:text=Eine%20Fußbodenheizung%20verbraucht%20weniger%20Energie,der%20Raum%20gleichmäßig%20erwärmt%20wird. Abgerufen am 27.06.2023.

Baden-Württemberg (2017): Landesbauordnung für Baden-Württemberg (LBO) in der Fassung vom 5. März 2010. § 2. In: https://www.landesrecht-bw.de/jportal/?quelle=jlink&query=BauO+BW+%C2%A7+2&psml=bsbawueprod.psml&max=true. Abgerufen am: 20.05.2023.

Baunetz_Wissen (2023): Bausteine für das Lichtmanagement. Von der Leuchte bis zur Systemtechnik. In https://www.baunetzwissen.de/licht/fachwissen/lichtsteuerung--management/bausteine-fuer-das-lichtmanagement-5560409. Abgerufen am 07.06.2023.

Baunetz_Wissen (2023): Grundprinzip von Bussystemen. Aufgaben und Vorteile. In https://www.baunetzwissen.de/elektro/fachwissen/gebaeudesystemtechnik/grundprinzip-von-bussystemen-153070. Abgerufen am 07.06.2023.

Brendel, Eva (2021): Neubau hat die beste Energiebilanz. In https://www.dpn-online.com/immobilien/neubau-hat-die-beste-energiebilanz-99064/. Abgerufen am 01.07.2023.

Bundesamt für Sicherheit in der Informationstechnik (o. D.): INF. 13 Technisches Gebäudemanagement. Internetquelle heruntergeladen von <https://www.bsi.bund.de/SharedDocs/Downloads/DE/BSI/Grundschutz/IT-GS-Kompendium_Einzel_PDFs_2023/10_INF_Infrastruktur/INF_13_Technisches_Gebaeudemanagement_Edition_2023.pdf?__blob=publicationFile&v=3 > abgerufen am 02.06.2023.

Bundesministerium der Justiz (2004): Verordnung über die Aufstellung von Betriebskosten (Betriebskostenverordnung – BetrKV). § 2 Aufstellung der Betriebskosten. In https://www.gesetze-im-internet.de/betrkv/__2.html. Abgerufen am 25.05.2023.

Deutsche Fensterbau (o. J.): U-Wert. Der Wärmedurchgangskoeffizient als Maß für die Energieeffizienz eines Fensters. In https://www.deutsche-fensterbau.de/u-wert/. Abgerufen am 25.06.2023.

Deutsches Architektenblatt (2022): Energieeffizienz und Förderung: Gebäudeautomation wird zur Pflicht. In https://www.dabonline.de/2022/06/28/energieeffizienz-foerderung-gebaeudeautomation-pflicht-beg-smart-home/ Abgerufen am 24.06.2023.

Fuchs, Giuliano (2020): So funktioniert die Heizungsregelung. In https://www.net4energy.com/de-de/heizen/heizungsregelung. Abgerufen am 23.06.2023.

Hager: Smart Home leicht gemacht. In https://hager.com/de/aktuelles/2019-02/hager/easy-mit-domovea. Abgerufen am 10.06.2023.

Hochschule Luzern (o. J.): IV. Datenauswertung. Datenanalyse/Interpretation/Vergleich. In https://www.empirical-methods.hslu.ch/forschungsprozess/qualitative-forschung/datenanalyse-interpretation-vergleich/. Abgerufen am 05.07.2023.

Institut für Gebäudetechnologie (2020): Energieeffizienz der Gebäudeautomation ermitteln und bewerten (Teil 01). In https://www.igt-institut.de/04-20-tipp-des-monats/. Abgerufen am 24.06.2023.

KNX Association (o. D.): Energieeffizienz mit KNX. Internetquelle heruntergeladen von < https://www.knx.org/wAssets/docs/downloads/Marketing/Flyers/Energy-Efficiency-With-KNX/Energy-Efficiency-With-KNX_de.pdf> Abgerufen am 28.05.2023.

KNX Association (o. D): KNX Grundlagenwissen. In https://www.knx.org/wAssets/docs/downloads/Marketing/Flyers/KNX-Basics/KNX-Basics_de.pdf. Abgerufen am 14.06.2023.

Konrad Adenauer Stiftung, zukunftsinstitut (2021): Think Tank Report. Einblicke in die Agenda internationaler Think Tanks. Konnektivität – Was kommt nach der Digitalisierung? Internetquelle heruntergeladen von <https://thinktankreport.kas.de/de/downloads/2021/2021_02_TTR_Studie.pdf> Abgerufen am 15.05.2023.

Morrow, Simon: A Window into Sustainability at Willis Tower. In https://www.iit.edu/news/window-sustainability-willis-tower. Abgerufen am 28.06.2023.

ProMediaNews.de (2020): Marktforscher: KNX als verbreitetste Technologie auf Smart-Home-Markt. In https://www.promedianews.de/business/marktforscher-knx-als-verbreitetste-technologie-auf-smart-home-markt/. Abgerufen am 14.06.2023.

Splendid Research (2021): Studie: Smart Home Monitor 2021. In https://www.splendid-research.com/de/studie/smart-home-monitor-2021/. Abgerufen am: 16.05.2023.

Statista (2019): Die größten Stromfresser im Haushalt. In https://de.statista.com/infografik/17377/die-groessten-stromfresser-im-haushalt/. Abgerufen am 16.06.2023.

Statistisches Bundesamt (2020): Umweltökonomische Gesamtrechnungen. Private Haushalte. In https://www.destatis.de/DE/Themen/Gesellschaft-Umwelt/Umwelt/UGR/private-haushalte/_inhalt.html. Abgerufen am 26.06.2023.

Statistisches Bundesamt (2022): Internetnutzung von Personen nach Altersgruppen in %. In https://www.destatis.de/DE/Themen/Gesellschaft-Umwelt/Einkommen-Konsum-Lebensbedingungen/_Grafik/_Interaktiv/it-nutzung-alter.html. Abgerufen am 04.07.2023.

Statistisches Bundesamt (2023): Energieprodukte größtenteils deutlich teurer als vor Angriff Russlands auf die Ukraine. In https://www.destatis.de/DE/Presse/Pressemitteilungen/2023/02/PD23_N011_61.html#:~:text=Am%20deutlichsten%20fiel%20die%20Preissteigerung,Strom%20betrug%2027%2C3%20%25. Abgerufen am 04.07.2023.

Statistisches Bundesamt (2023): Energieverbrauch privater Haushalte für Wohnen im Jahr 2020 um 0,9 % gesunken. Pressemitteilung Nr. 542 vom 16. Dezember 2022. In https://www.destatis.de/DE/Presse/Pressemitteilungen/2022/12/PD22_542_85.html. Abgerufen am 04.07.2023.

Statistisches Bundesamt (2023): Nichtwohngebäude. In https://www.destatis.de/DE/Themen/Branchen-Unternehmen/Bauen/Glossar/nichtwohngebaeude.html. Abgerufen am 04.07.2023.

Zukunftsinstitut (2023): Megatrend Konnektivität. In https://www.zukunftsinstitut.de/dossier/megatrend-konnektivitaet/. Abgerufen am: 04.07.2023.

Printed in the United States
by Baker & Taylor Publisher Services